金商道

*The positive thinker sees the invisible, feels the intangible,
and achieves the impossible.*

惟正向思考者，能察於未見，感於無形，達於人所不能。 —— 佚名

BCG
破解**轉型的兩難**

解答商模、布局、
人才、變革等
企業策略選擇的轉骨配方

波士頓顧問公司（BCG）
董事總經理 **徐瑞廷‧商業周刊**

著

BCG 破解轉型的兩難 目錄

| 目的與承諾 | 基線與目標 | 解決方案及能力發展 | 執行及持續優化 |

第 3 篇
你要怎麼去？——選擇與能力

第 4 篇
轉型進行式——執行與優化

你也掉入過電梯陷阱嗎？

商周集團內容長　**曠文琪**

假設，你也兼任住家管理委員會的主委。

某日，好幾位住戶一起來抱怨：社區的電梯速度太慢。

你看著管委會所剩無幾的預算開始煩惱，真的要因此去換電梯嗎？如果換了電梯，會不會就沒有錢去修屋頂？還是我去要求廠商把電梯的馬達換掉，看能不能讓電梯跑快一點？你好像開始陷入「資源分配的兩難」。

但倘若，你再去追問，用戶為什麼會覺得電梯速度太慢，他們是有用碼表計時嗎？你得到的可能是另一個答案：「感覺坐與等的時候很慢，很無聊。」

當一個問題的層次，從「電梯很慢」到「等電梯很煩時」，解法就會大

不同，比起換電梯，你有更優雅且不耗資源的解法，比如：在電梯裡裝鏡子、放音樂，或是在等電梯的地方放酒精噴霧機。

有沒有可能，當我們在轉型時感覺碰到的兩難問題，其實是可以不用存在的？因為一開始，人們就定義錯了問題的框架，然後直接跳入執行端開始糾結。

一個好的主管與帶隊者，最重要的責任其實是：把問題定對。但往往大家都會把重心放在：把「問題解對」把「工具用好」上，最後整個團隊疲於奔命，但仍一事無成。

工具，有時候也是個微妙的陷阱！

我會推薦這本由波士頓顧問公司（BCG）董事總經理徐瑞廷（JT）與 11 個企業家對談集結的書，原因無它，它是一本幫我們看清問題的書。

讀這本書，我好像看到 11 場顧問實境秀在我眼前上演，精彩的是，JT 總能從大家提出的兩難問題，再向下挖出更底層的問題。

比如，數位人才教育平台 ALPHA Camp 的領導人問：「學生的期望越來越多，我要全都滿足嗎？」JT 卻再追問：「那你認為自己是在賣服務，還是

在賣結果？」

以學高爾夫球為例，如果是賣產品或服務，那麼可能是讓學生上 10 堂高爾夫球課，再收費 1 萬元，但上完 10 堂課，並不代表真的會打。但如果是賣結果，那邏輯會完全不一樣，比如，學生可以打到低於 90 或是 85 桿，你才跟學生收多少錢。

如果選擇賣「結果」，那「結果」又是賣給誰，怎麼定義成功的結果？這些問題都會決定行為。倘若「成功」的定義是「數位人才能讓雇主在 1 年內是滿意的」，那麼，平台該放大的就不是課程教材的精緻體驗，而是讓學員找到工作後，在後續 1 年持續成功的方法。

讀這本書時，開始需要點耐心，因為每個當事人描述的情況，看似跟自己的經驗無關，但很快，你就會發現，「啊！他碰到的問題我也正在遭遇」，再讀到 JT 的追問時，「哇！原來還要把這個想清楚」的 OS 又會浮現。其實，他提醒的底層問題，我們不是沒碰觸過，只是太少正視，而偏偏，這又是 BCG 全球顧問看過大量個案後，累積出的成敗關鍵。

最後，JT 提醒完問題後，還把 BCG 顧問解題的框架圖表一併附上，其實看完一個個案，我就得思索沉澱一段時間，<u>11 個個案，每個個案都是一次練功過程。</u>

　　這是很有趣的激盪，最近我們正在進行 2024 年的策略會議，也出現書中如台灣最大餐飲平台 iCHEF 創辦人所煩惱的問題：「轉型資源有限，怎麼兼顧短期與長期利益？」但 JT 聽完後，再追問的是：「在忙著取捨前，你有沒有先做過 "Case for Change" 的溝通？」

　　什麼是 "Case for Change" 呢？就是帶隊者得要有能力跟團隊明確闡述：「如果公司沒有做這個事情（轉型目標），3 年後會變成什麼樣子？」這需要明確細緻的推論，如果這條路沒走過，即便你有多美好的長期規劃，大家只會當你是去聽了一場演講，一時興起才做出的決定。最後，所謂短期跟長期利益都不會發生。

　　反之，處理得好，你以為的兩難，很可能會取得美妙的平衡。

　　你覺得自己已經做了很好的溝通？看似溫和的 JT 其實也沒在客氣。他給的建議是：「找你公司的一階主管，問他公司現在要推的方向，你是否有被說服，或是，大家真的覺得公司不做此事，3 年後會遇到如你所說的危險程度？」

　　「如果用匿名投票的話，你會發現回答的差異很大。」

　　讀到這段時，我先是大笑，但也直呼太殘酷了！如果真做了投票，結果

也出來了，很多帶隊者就得面對，團隊轉不過來的根結，是自己連話都說不清楚的事實。原來，工具與策略都只是次之……

如果您還在猶豫是否要閱讀這本書，建議您可以直接回到目錄頁，先看看11位主角提出的問題，是否也是你現在在煩惱的，從一個問題先跳下去看，你會發現，自己正陷入的兩難陷阱，可能只是假兩難，能看清一個思考盲點，你花的時間，就值了！

導讀篇 /

沒有終點的轉型時代

徐瑞廷

　　放眼現今全球產業與地區，競爭環境甚至比 10 年前更加難以預測，變動從四面八方而來，迫使企業須不斷重新檢視自己的營運策略及模式。根據 BCG 的研究，龍頭企業如果錯過 1 次市場轉變的契機，就會損失 3 到 5 年的發展時間，這足以把領先地位拱手讓人。假如錯過 2 次變革契機，那企業就真的岌岌可危了。

　　企業更頻繁地轉型，且早已沒有所謂「一次性」成功轉型，甚至通常橫跨不同類別、同時進行數個轉型計畫，這宣告了我們進入「永不停歇」（always-on）的轉型時代，即企業不再推動單一轉型，而是無時無刻不在轉型。永不停歇的轉型令人望之卻步，然而，企業別無選擇。他們可以選擇故步自封、逐漸與市場脫節、最終被淘汰出局；也可以直面接受全新的轉型，讓自己得以生存下去，甚至進一步超越及茁壯。

轉型框架三大主軸

實務上，每類轉型都建立在其他轉型的基礎上，而且往往相互關聯。如果執行得順利，一切將得以整合，持續推升企業的績效。而經營者在帶領公司轉型的時候，通常要考慮三件事情，第一個是「轉型的錢怎麼來？」，第二是「要轉到哪裡去？」，第三個是「人跟組織要怎麼轉？」這三件事是根據 BCG 協助全球各產業實施轉型的經驗所開發出來的一套實證有效的框架，我稱之為企業轉型「三把劍」，是經營者要全力做好的關鍵點。

1. 提供轉型資金
（Funding the Journey）

公司決定要轉型時，其實大部分公司是沒有編列轉型預算的，而公司每天例行營運賺進來的錢，通常是為了用在既有事業的維持跟成長，或為了事業發展的原有投資計畫，或為發給股東分紅或員工獎金，其實沒有多餘的錢可以用來投注在新的轉型，所以企業要轉型的時候，轉型的資金通常必須從其他地方攢出來。

有什麼辦法可以攢錢呢？以下是幾個方法舉例：

● <u>壓低商品及採購成本</u>：不管在直接採購（與銷售產品直接相關）或間

企業轉型 3 把劍

目的

> 從根本上改變公司的定位和賽道，以實現強大且可持續的價值創造

提供轉型資金	創造中期成功	建立對的團隊、組織與文化
意義 運用短期槓桿獲取業績，為新的成長引擎提供資金	實現全然不同的競爭地位，創造中期收益成長	建立一個能長期執行並持續變革的組織

思考

● 我們的成本有競爭力嗎？	● 成長目標要訂多高？	● 組織和文化能否維繫變革？
● 我們該創造什麼「速贏」？	● 要進入或退出哪些市場？	● 我們需要什麼人才，什麼時候需要？
● 如何為未來的投資騰出資金？	● 商業模式是什麼？	● 人力資源部門是否扮演轉型夥伴角色？
● 如何讓員工、顧客、投資人、董事會及利害關係人與我們合作？	● 如何優化我們的營運模式？	● 如何將變革嵌入組織？
	● 要設定哪些目標以及如何衡量這些目標？	

接採購（與生產銷售無直接相關，比方辦公室用品），找出節降成本的空間；或者控管存貨，把存貨管控得更有效率，降低耗損或浪費。加強控管商品成本和採購，可以將你的利潤率提高 2%-5%。你還可以採取有針對性的成本削減措施，甚至可能降低 10%-25% 成本，把錢挪到轉型之用。

● 調漲定價：假如你一顆茶葉蛋能夠賣 13 塊，就不必只賣 11 塊，只要市場能接受，定價只要調整一下，利潤可能馬上就可以增加很多，這些多出來的利潤其實就是轉型資金的很好來源。

● 有效行銷：BCG 發現，高達 1/4 的行銷支出通常是無效的。而光是透過重新分配行銷資源，公司在第一年內就可以減少 10%-20% 的投入，而不影響銷售業績；或者是在同樣的投入下，增加 3%- 8% 的銷量。

轉型並不容易。事實上，據 BCG 調查，高達 7 成的轉型未達成預期的成果。因為轉型的每一步都可能出差錯，例如在籌措轉型資金時，我們常會只關注在節降成本、裁員，而沒有充分考量其他降低成本的作法，這是很容易掉入的陷阱。另外，管理者沒有去監控中間實施的過程作法，也很容易造成新的弊端。

另外要記住，領導者應該讓所有員工和利益相關者知道，大家辛苦撙節

下來的錢，將用於為轉型提供資金，這種理解對於激勵員工和公司未來一起轉型，是很重要的。

2. 創造中期成功
（Winning in the Medium Term）

第二把劍就是要確立轉型目標，然後「創造中期成功」。為轉型找到了錢，接下來要有能力從根本上改變業務並創造可持續的競爭優勢。創造中期成功的具體目標因公司而異，但所有轉型的重點都在於建立全然不同的競爭地位，從而實現中期業績的跳躍式成長。

中期通常指 3 年左右，距離感較適中。如果有 10 年的長期目標，最好分配到幾個中期目標，以利執行。

而做這件事有幾個邏輯性的問題，需要領導者先想清楚：

● 轉型目標：轉型是從你現在的起點（A 點）轉到目標（B 點），比方公司要從賣產品變成賣解決方案，或想從一次性的交易，轉型成訂閱制。但為什麼你的目標是 B 點，不是 C 點或 D 點？你選擇的邏輯是什麼？

● **轉型利基**：再來，你的勝算在哪裡？憑什麼你來做這件事可以轉型成功？別人來做也會成功嗎？比方你是不是有既有的客戶基礎，可以讓你未來也可以賣解決方案？或你既有的技術甚至供應鏈等等，是可以利用成為轉型的優勢的？讓你在到達目標 B 點的時候，有一定的本錢可以打。換句話說，你要去思考你轉型的終點，還有你轉型成功的邏輯是什麼。

第一階段的資金籌措和第二階段的中期成功，這些「速贏」（quick win）將為組織注入活力、建立動能，也會促進認同感，贏得內部觀望員工的支持，不再懷疑改變能否發生。透過幾個燈塔專案的中期成功，也將鞏固主管和員工的信心，為新的領導團隊建立信譽。

同時，針對創造中期成功之後，有幾個陷阱要注意：

● **過早宣布成功**：當公司推動節降成本或提高利潤，得到一些成果了，然後就停在這裡，沾沾自喜，大肆宣揚成果，甚至開始分心，忘記你做這件事的最終目標是什麼。

● **過度強調效率而忘記投資未來**：公司因為第一把劍做得很成功，有成績示人，就不斷推動削減成本和提高效能的措施，形同把過多資源投入效益遞減的工作，而忘記對未來的投資更重要。

● 敗在「一切照舊」的心態：達到中期成功之後，管理者如果以為一切都可重回轉型前的作法，就可能陷入自我設限或與轉型逐步與目標脫節的陷阱。

3. 轉動組織創造永續績效
（Organizing for Sustainable Performance）

但不是有了轉型的資金來源，也把成功的邏輯想清楚了，就可以轉得過去。所以第三把劍就是「人跟組織必須一起動」，包括組織文化。

比方前面談到採購，具體去做的話，公司應該節降成本到什麼程度？要怎麼去推動？又要怎樣持續優化？又比方你要從「賣產品」轉型到「賣解決方案」，但目前公司裡可能只有管產品通路的人，你們只跟大盤商交易，從來不曾深入了解你的終端消費者，他們到底想解決什麼問題，使用習慣是什麼；但現在你要賣解決方案，就不能不去了解你的消費者。所以在組織設計上可能必須分不同行業部門，有人特別懂零售業、有人特別懂製造或金融業，因為有這種部門組織，你才會有人去了解這些行業客戶真正的痛點是什麼，才有辦法去設計你的解決方案。同時，你要檢視現在公司裡有什麼人才，轉型到未來，可能需要一些新的人才，比方懂金融或製造，或是國際化的人才。

所以第三把劍，就是先看你現在的組織長什麼樣子，為了創造中期成功，

未來需要增加什麼樣的職位，這些新職位要怎麼跟舊職位角色互相搭配，作業流程要怎麼串接，這些都要先想好。

經營者還必須把新的思維和工作方式扎根到組織裡。BCG 發現，如果不重視企業團隊、組織和文化，轉型注定會失敗。尤其高層主管必須親自投入轉型計畫，站在第一線領導。人力資源部門也很重要，他們的任務是找出所需要的關鍵角色、培養人才。這時，引進部分管理工具或許可以幫助轉型變革的推進及追蹤。同時，企業還需要發展適當的文化，才能支撐高績效目標。

在轉動組織與人的過程中，「以人為本」是核心。它不是一句口號，而是真正會決定你轉型的成敗。因為轉型是一項極其艱鉅的工作，組織需要不斷適應，要求可能越來越高，員工需要跳脫舒適圈、超越原有的職責範圍，而管理者必須讓參與變革的員工感覺受到啟發並充滿活力，而不是精疲力竭。我們還發現，真正以人為本的公司，能夠為組織帶來 5 大好處。以下是 BCG 給管理者的建議：

「以人為本」的轉型帶來 5 大效益

敏　　捷	員工能對變化和不確定的信號，靈活地主動採取行動
簡單有效	員工能提出具整合性、最有效益的可行解決方案
學習成長	以人才為公司的競爭力，員工能學習成長、做出貢獻
合　　作	員工能經由協作解決問題，創造附加價值
敬　　業	員工願意長期承諾、不斷超越自我

- **以具體轉型目標激勵員工：** 大多數轉型都側重於財務或營運目標，但對員工來說，它們的激勵作用往往不大。要讓員工全力投入轉型，必須給他們具有更高層次的目標感和工作意義，員工才有參與感和內在動力。此外，應該讓所有員工都能夠看到自己在公司轉型中的貢獻，從而繼續幫公司實現更長遠的目標。

- **確保有最優秀的領導者擔任關鍵角色：** 沒有什麼比領導者對轉型成功的貢獻更大的了。當轉型滲透到基層員工時，很可能會出現溝通不良和搞錯優先順序的狀況；領導者通常還需要說服一些懷疑論者，他們可能會質疑轉型的必要性、急迫性或有效性，甚或抵制變革，因為變革會改變他們的控制範圍、權責和利益。

- **發展正確的組織架構和營運系統：** 對組織架構進行調整可能是有必要的。包括重新檢視報告系統，定義和釐清不同角色的協作關係，以及如何做出決策。而轉型的策略方向與職責也要連結起來，例如，如果要從產品驅動的創新轉向客戶驅動，那麼你的關注重點可能要從產品損益轉向客戶分群，才能讓運作更順暢可行。

- **建立員工關鍵能力：** 在重塑經營模式的轉型時，許多職能角色會發生根本性的變化。公司需要能識別並協助員工發展這些能力，這包括解決 4 個面向的問題，一是能力，包括讓員工擁有新的技能、知識和觀

念;二是工具,例如 IT、數據庫、軟體系統等;三是流程,須管理活動、資源和責任,分派工作並監督執行;四是治理,包括責任制、訂定KPI(關鍵績效指標)、激勵措施和報告系統。這4個要素相輔相成,可以有效引導員工的長期行為。

其中也有一些要注意的陷阱:

● **逼迫員工改變行為**:領導者經常軟硬兼施,甚至採取強制手段來讓員工配合轉型。但較好的作法應該是改變工作的環境條件,例如調整獎勵機制、賦予員工更大責任,這才是刺激他們提升績效的長久之計。

● **沒有培養轉型後的必要能力**:領導者經常眼中只有目標,卻忽略員工是否已具備達成任務的能力。這種能力是指員工必須長出「肌肉」,它是需要較長期的訓練和培養的實力,才能實現持續變革,並做出績效。

踏上4階段轉型之路

上述轉型「三把劍」,是企業推動轉型前就應掌握的關鍵成功要素,而這3個關鍵必須落實在轉型計畫的進程中。關於轉型的進程,BCG 累積輔導數百家企業轉型的經驗,歸納出4個階段,同時企業必須在3個面向上做好準備:

轉型 4 階段旅程

目的與承諾	基線與目標	解決方案及能力發展	執行及持續優化
· 領導團隊對於目的、目標和變革的理由有共識 · 評估利害關係人、企業文化和變革準備度 · 啟動專案管理辦公室 (PMO) 並定義路徑圖	· 讓領導團隊成為變革代理人 · 提高對計畫和預期目標的意識 · 設定啟動和管理的流程	· 幫助領導團隊設計和準備解決方案 · 設計和構建所需的能力和改變 · 監督計畫設計並控制目標	· 培訓領導團隊落實及持續變革 · 準備啟動、嵌入和強化行為 · 指導和支持倡議的實施

● 領導面向：激發經營團隊的積極性和活力，建立轉型共識，強化領導力以啟發及推動轉型。

● 員工面向：企業應做好透明而多管齊下的溝通，讓員工隨時參與轉型，並對他們授權賦能。

● 計畫面向：企業應引進新的治理方式，並敏捷的進行全方位的專案管理。

以下介紹 4 個階段進程中，企業必須在正確的時間做哪些正確的事：

階段 I 》目的與承諾
（Goals and Commitment）

在轉型之初的「目的與承諾」階段，企業應致力於圍繞共同願景，對於轉型的目的、短中長期目標和變革的必要性，建立起具共識的核心領導團隊。再來要訂好與全體員工溝通的方法，並盡量讓過程透明化。

為什麼領導團隊建立共識很重要？ BCG 分析轉型成功前 25% 的公司，他們成功的關鍵因素是：領導層定期面對面的會議，搭配領導力的教練輔導，以及專門的即時溝通工具（例如 App）。比起領導團隊各自為政，領導團隊共識一致時，轉型成功率可高出 70% 之多。

明確的轉型目的可以幫助員工理解變革的理由（case for change），無論是為了降低成本、擴展新服務領域，還是讓公司的線上銷售占比提高 4 倍。BCG 的研究顯示，如果明訂目標，轉型成功率可提高 80% 以上。

對全員的溝通，就要清楚訂出「信息流」的路徑，確保員工了解公司在每個階段中對他們的期望，而不會因不適當的訊息曝光，讓員工困惑或覺得壓力過大。溝通管道必須能讓參與轉型的所有員工都能了解轉型進度，這有

企業需要進行各種類型的轉型

事業單位層級的轉型	改組重整	採取必要的短期行動以拯救陷入困境甚至可能倒閉的公司（如，面臨懸而未決的流動性危機）
	搶救財務	透過降低成本、增加收入、精簡組織或提高資本效率等措施，快速提高利潤
	成長	發展策略和營運模式，使公司實現更強勁的成長
	商業模式	大幅改變商業模式，包括所服務的市場及對客戶的價值主張
	數位化	藉由採用新技術和重新思考業務策略，實現整個價值鏈以及公司競爭 DNA 的數位化
	全球化	重新定位公司，以抓住新興國家市場和已開發市場的成長機會
	組織	提高整個組織決策和工作流程的效率和有效性

功能單位層級的轉型	創新與研發	透過更有效的研發，提高創新的品質和數量
	交易	藉由聚焦在新市場並提高行銷費用的效率和有效性，以重塑銷售和行銷功能
	營運	提高公司整個生產供應鏈和服務營運的獲利能力和生產力
	資訊科技	徹底改造核心 IT 基礎設施，以實現更快的決策、強大的分析、高效的流程並改善營運
	後勤單位	改造財務、法務和人力資源等重要後勤單位的職能，以降低成本並提升績效

助於幫助員工保持在正軌上。當組織內的溝通品質能做到這種程度，轉型的成功率可望提高 60%。

　　轉型的類型也十分重要，應定義是成本削減轉型、數位轉型還是敏捷轉型等。但事實上，多數企業都會進行不只一個類別的轉型。上頁中列出常見的轉型類別與計畫，這些類型並非涇渭分明，企業可以根據自身的情況和目標，進行組合或調整。

　　在這個階段，其實最大的挑戰在於，你的轉型目標要設得多積極？目標太高，員工會覺得你天馬行空，就直接擺爛、放棄；目標太低，只要踮個腳就做到了，太容易達成，大家就不會認真。比方說找人才，你若設定公司 3 年內要有 50％ 員工都懂 AI，目標太高，大家會覺得你胡扯；可是你若說 3 年只要找到 1 個 AI 人才，大家又會覺得這有什麼難。所以其實最難的就是設目標。

　　在這個階段，領導者還要去評估轉型對你的利害關係人會帶來什麼影響？組織文化要如何改變？還有，如何幫員工做好轉型變革的準備。同時，公司也要開始啟動專案管理辦公室（PMO），並規劃轉型的路徑圖。

階段 II 》 基線與目標
（Baseline and Target State）

轉型是從你現在的起始點走向目標，起始點就是「基線」，指的是公司現在的狀態。一般會把「基線」視同「盤點」的概念，指的是現在公司有多少存貨、多少員工、每個月各項支出有多少等等，但這些只是很單純的一小部分。

真正重點其實在於要去了解公司「現在的位置」。而成功的轉型，都始於對自己誠實而嚴格的評估。

領導者必須努力觀察外在及市場環境，深入去診斷、搞清楚在你的領域裡，和你的競爭者相比，你的優勢和劣勢在哪裡？人們往往會忽略或誇大自己的優勢，而且隨著消費者、客戶和行業的變化，當今的優勢可能會變得過時，甚至成為一種負擔。

同時在目標方面，你的方向是否明確？組織策略或轉型時程是否清晰？傳達溝通和體現策略的能力是否到位？組織設計、角色定義或決策權是否清楚？績效管理系統沒有對齊策略目標？人才是否適才適所等等。

從基線到目標這段旅程，如果不弄清楚需要努力縮小的差距有多長，那

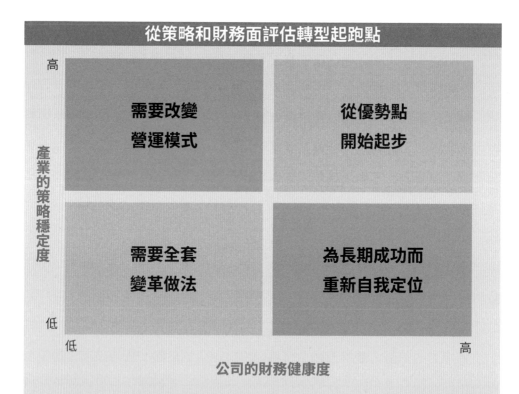

從策略和財務面評估轉型起跑點

	高	
產業的策略穩定度	需要改變 營運模式	從優勢點 開始起步
	需要全套 變革做法	為長期成功而 重新自我定位
低	低 ──────────── 高	

公司的財務健康度

BCG 開發了一套正規的檢視機制,供企業評估轉型的起跑點。這個方法從「財務」與「策略」兩個面向評估企業的整體表現。財務面向評估公司近期相較於同業或產業平均水準的表現,以及近期的財務前景。策略面向則考量企業所處產業未來 5-10 年的整體策略穩定程度。

此外,企業還可以透過「組織」面向檢視起跑點:公司是否具備領導力、人才和能力,來實現及維持高績效?太多領導者大量投資於推動轉型,但 2、3 年後卻發現,由於轉型根基扎得不夠牢固,許多得來不易的成果最後都付諸東流。

麼就無法訂定轉型計畫的性質、工作量和風險。

總之，要再三盤點你從現狀的起始點要走到目標的這條路徑，你自己的狀態為何？準備的狀態如何？環境的條件如何？你如何走到那一頭，實現你長期的績效目標？

事實上，這個階段最難的事情是，你或員工有沒有認清，如果公司以後還繼續只靠今天的商業模式、只靠現有的市場、現有的產品，那麼公司還能活多久？你們有沒有這個危機意識？

很多公司轉型失敗的原因是因為心態是安逸的，大家覺得公司現況還挺好的，幹嘛浪費時間和資源去做轉型？而且往往是 CEO 有危機意識，但下面的人不一定有。所以對員工溝通「基線」是這個階段最難的工作。難在於你怎麼樣讓大家認識現狀，知道公司如果持續這樣走下去，未來公司就會有危機跟挑戰，你要給員工變革的理由，讓員工很強烈的意識到公司的現狀不可能持久，未來是會被挑戰的，所以公司現在就需要改變，換句話說，如何引動大家變革的意識，這其實是最需要克服的挑戰。

組織內部的雙向溝通，包括提供員工表達擔憂的平台，可以讓員工感受到透明溝通，領導團隊則須面對及解決這些問題。與此同時，要確保公司的公共傳播內容比如新聞稿、網站，和公司轉型的實際狀況保持一致。順暢的

對內及對外溝通及快速回應，可以提高轉型成功率 30%。

所以這個階段的重點有 3：領導者必須登高一呼，親自上陣，做變革的代理人。再來，要提高員工對轉型變革和目標的意識；接著在計畫面，要開始設定啟動轉型和管理的流程。

階段 III 》解決方案及能力發展
（Solution and Capability Development）

第 3 個轉型階段，你要去探索讓公司收入成長的選擇方案：你要在哪一塊市場勝出？原有市場、鄰近事業或者全新市場？你可能需要重新思考公司的營運和商業模式，包括你對客戶的價值主張、你的目標市場、你要提供的產品和服務、以及可以最大化你營收和利潤的模式。你可能會發展出全新的通路策略、跟傳統業務互補或競爭的業務等等，也可能涉及改造商業流程或營運方式、建立數位化能力，以及轉變研發、IT 和人力資源等內部後台的職能。

領導者在這個階段應提出具體的轉型計畫，比如引進新的流程、系統和營運模式，決定公司需要進行的變革方法，同時確定及發展公司需要的新能力。這個階段也包括 PMO 要監督計畫的設計，並就轉型目標達成共識。

　　而這個階段的真正挑戰在於：如何選定你的轉型方案？比如是要大舉投入資源建置新的部門，或用內部現有人力慢慢推動，或要尋求外部資源、尋找合作對象，或考慮採取購併手段，或評估哪些業務要擴展或退出市場等等。這些要從時間 資源投入 風險以及成效等等的層面去做綜合考量，你必須把不同路徑都評估一次，不能憑直覺 拍腦袋就跳出一個結論。

　　然而，即使公司轉向新的業務模式，也不能忽視你原有的業務模式。領導者必須思考如何將仍在賺錢的傳統商業模式，與符合公司未來策略的新型態模式相搭配，以實現成長的長期目標。

　　前述「三把劍」中的「創造中期成功」，以及「轉動人與組織」也是這個階段要完成的任務。

階段 IV 》執行及持續優化
（Implementation and Sustained Improvement）

　　這個階段已經進入現實層面，就是「How」如何執行的問題。比方你現在的 AI 人才只占 1%，嚴重缺乏，你訂下 10%的目標。但你到底要怎麼去找到這些人才？你憑什麼去吸引人才？你能出多少錢吸引人才？人才為什麼要來？這些就是你要實際落地時面臨的挑戰。前述「三把劍」要執行時，How 都會不一樣。

　　<u>過程中時時要記住的是：我們希望下個月、明年、3 年後，能看到什麼</u><u>行為？</u>

　　第一線的領導團隊要開始執行解決方案，指導員工新的工作方式，檢視是否有倒退回舊行為的情況，並採取計畫以嵌入新行為。這牽涉到領導力、流程和系統以及績效管理制度。

　　公司可能需要在作業中嵌入變革管理的工具和流程。首先必須為每項重要的活動建立一個路徑圖，<u>路徑圖建議由 15-25 個里程碑組成</u>，每個路徑圖都應該經過嚴格的檢視：路徑圖是否定義清楚、架構合理、易於執行？是否清楚界定了每個步驟的財務影響以及來源、時間和領先指標？是否已識別並理解相互依存性和其他風險？

　　最重要的是，要有積極管理的專案管理辦公室來管理進度、決定優先順序和時時對齊目標，對於跨部門的轉型計畫尤其重要。且可考慮設立「轉型長」（Chief Transformation Officer）來領導，或由最高領導人兼任。據研究，<u>設立轉型長可以顯著增加轉型成功的機會，也有助於讓大家意識到轉型活動</u><u>與日常經營明顯不同，可以帶來更多緊迫感並吸引到更好的人才。</u>BCG 的數據顯示，設有 CTO 時，轉型成功率可以達到 66%。

　　但在實務上，你一開始訂的計畫跟後來執行時的現實，很少是完全吻合

的。所以這個階段很重要的一個建議是，公司一定要保持「敏捷」，要確保 PMO 能制定出一個敏捷的機制，比如高階主管每個禮拜針對轉型進度定期檢視討論，資源不夠就加資源，時間不夠就給時間，技術不夠就去找技術，種種的即時調整。

　　每個轉型計畫，無論是錢、策略、人或組織的面向，一定有基線起點，有目標終點，然後有從起點到目標的實施過程，並歷經敏捷優化。本書與我對談的 11 家公司案例，也不例外的都能收納進這裡的轉型 4 階段中，讀者閱讀案例後，一邊可再回來對照導讀，可能有助於理解脈絡、融會貫通。

第 1 篇

你要去哪裡？
目的與承諾

轉型之初，核心領導團隊首先應對轉型的目的、短中長期目標和變革的必要性，建立共識。此階段最大的挑戰在於，你的轉型目標要設得多積極？這將影響員工配合轉型的承諾與投入程度。

明確的轉型目的可以幫助員工理解變革的理由（case for change），對全員的溝通也要清楚訂出「信息流」的路徑，確保員工了解公司在每個階段中對他們的期望。

明星市場、潛力事業
該重押哪一邊？

台灣最大設計師品牌電商平台 Pinkoi，是亞洲領先的跨境設計購物網站，販售設計商品、數位創作、體驗活動，並網羅海內外優質設計師群，以具原創性的商品為主要特色，致力於經營台灣、日本、泰國、港澳、美加等國際市場。然而，在切入日本市場時，卻遇到資源分配的兩難。

是要加碼投資明星市場，還是挑戰具戰略意義的潛力市場？如何從各個角度分析利弊？如何跟工作夥伴達成共識，齊心打拚？ Pinkoi 遇到的問題，儘管有來自投資專業的評估可以參考，但也必須衡量不同市場的應對模式。不只需要衝刺的勇氣，更需要取捨的智慧。

對談人

顏君庭 Peter

Pinkoi 執行長

Profile：Pinkoi

成　　　立／2011 年

創 辦 人／顏君庭、李讓（技術長）、

　　　　　　林怡君（產品長）

主要服務／以 AI 與大數據技術為根本，建構跨境電商

　　　　　　平台及 SaaS 服務

成 績 單／ 據點：台北、東京、香港、曼谷

　　　　　　● 2015 年獲紅杉資本、GMO VenturePartners

　　　　　　　　共同注資 900 萬美元

　　　　　　● 匯集全球 77 國 5 萬多個品牌商，販售至 150 國

　　　　　　● 會員總人數 625 萬人，App 下載累計 430 萬次

　　　　　　● 2021 入選國發會「台灣 Next Big」

　　　　　　　　（新創國家隊）計畫

🅙 Pinkoi 在台灣設計品牌的電商平台上，應該算是居於領先的地位，公司未來的發展方向是什麼？

✿ 展望未來 5 年，我們有幾個主要的面向，第一個是持續拓展國際市場，所以現在重心主要放在日本市場。第二個是如何在我們平台的基本服務上拓展更多 AI 加值型的 SaaS[1] 服務，幫助設計師解決在業務的各個階段裡會遭遇的困難。

🅙 你們針對這幾萬個品牌商，具體提供什麼樣的 SaaS 服務？

✿ 我們大概從 2、3 年前就意識到，品牌商、設計師在經營上其實遇到很多難處。比如說，他們需要更多的行銷曝光管道。而 Pinkoi 在 2、3 年前就把相關的 AI 基礎建設做好，所以我們提供了一些數據服務給這些品牌商，讓他們可以增加更多的曝光及銷售。

另外，他們可能在國際物流上有一些問題跟整合上的需求，比如不曉得要如何寄貨到日本、港澳或其他地區市場。我們就會跟區域型的物流廠商合作整合，提供服務給平台上的設計品牌。

🅙 你們最近也跟一些國際性的大品牌商或是 IP[2] 合作，背後的動機跟想法是什麼？

跟 IP 合作是有些契機，有的是 IP 來找我們，有的是我們去找 IP。跟我們合作的 IP 像 Miffy、Snoopy，都是大家耳熟能詳的，都有六、七十年的歷史，累積了很多粉絲。所以那時候的思維是，如果我們跟 IP 合作，就可以跟 Miffy 或 Snoopy 的粉絲溝通，並透過平台上不同設計品牌的創意，創造出特別的新商品，目的就是想透過與國際 IP 合作，去吸引更多的粉絲跟會員。

媒合 IP 與設計師創新

所以並不是把 Snoopy 商品直接放到平台上去賣，而是把設計師的大量資源與 IP 結合，去設計新的 Snoopy 或 Miffy 商品，等於不單純只是媒合，你們甚至利用媒合發揮設計師的創意，給他大家耳熟能詳的 IP，然後讓這些設計師能夠發揮。這個對營收本身的貢獻，不一定會那麼明顯，但是有助於提升江湖地位。

對。

這個很有意思，這也是全球化的一塊。今天我們就來談全球化，因為這是未來 Pinkoi 成長非常重要的方向。全球化裡面，日本想必是很重要的

---

1 Software as a Service（軟體即服務），指訂閱用戶無須下載安裝，而是直接連接至雲端應用程式來使用。
2 Intellectual property，智慧財產權，包括設計、專利、商標、著作等。

市場，因為日本不管是品牌、設計師、消費者、消費市場的規模，對你們來講非常重要，是未來一定要攻下來的城池。更不用說，港澳、台灣、甚至泰國，對日本的品牌還是有一定的偏好。

當初你們是什麼時候開始去想日本市場？現在發展得怎麼樣？有沒有遇到什麼挑戰？

✤ 我們大概從 2014 年就開始探索日本市場，不過那時候主要看到的是客觀數據，譬如說台灣可能是日本民眾選擇出國旅遊目的地的 Top5，我覺得旅遊上的交流，可以增進一些文化甚至設計上的交流。

另外，台灣有很多品牌的主要來客是日本人。我們聽到很多品牌商說：「其實有很多日本客人，他們來台灣都一定會來我們的店。」他們常常會遇到的困擾是，這些日本客人回到日本後，當他們想要把台灣好的設計商品介紹給朋友，但是他的朋友買不到，因為不是每個日本人都能夠常常出國旅遊，這是第二個理由。從我們平台上的設計師社群給我們的反饋來看，日本生意對他們來說很重要。

再來我們也從流量上看到一些跡象，從日本來訪的消費者，可能因為我們集結很多台港澳品牌，他們回日本之後，還是會繼續搜尋這些品牌。所以 2014 年我們開始投資日本市場，起初是派台灣的團隊成員去日本，

有點像是實驗性的經營。2016 年，我們在日本收購一間公司叫 iichi，它主要聚焦在日本當地市場，比較偏向日本高端手作職人的設計商品。併購之後我們就把兩個團隊合併，然後持續經營日本當地的市場。

🎙 你們已經經營了一段時間，你對現在日本市場的發展滿不滿意？

🎙 其實從 2014 年到 2021 年左右，我們都是用很少的資源在投資，同時日本當地的市場競爭也非常激烈，我們覺得 Pinkoi 在日本還在一個非常早期的起步階段，對於當地的競爭對手來說，Pinkoi 算是初生之犢。儘管我們持續投入資源，但以總量來說，還是比不上過去 10 年我們在台灣、港澳市場的整體投資。我們未來對日本也會持續投資，因為日本在整個公司的戰略地位、整個設計生態圈、甚至是整個亞洲創意經濟產業裡面，都是很重要的市場。

與日本品牌的合作契機

不過日本也是一個非常難打的市場，主要原因是日本的品牌出海很不容易。日本品牌在國際市場的經營上，通常會遇到較多的難題，第一個就是語言，日本的設計品牌經營者對於用英文溝通這件事情，相對比較不習慣。

再來就是國際的運送。日本本地市場很大，所以多數品牌在本地市場的經營有經驗，但在國際市場就比較生疏。不過針對這兩種困境，Pinkoi 的團隊都已經累積多年經驗。

過去團隊內部也會擔心，日本的競爭對手規模都這麼龐大、資本這麼雄厚，Pinkoi 一個從台灣來的新創企業，在日本，我們沒有這麼大的資源跟名聲，怎麼去跟人家競爭？所以之前我們可能會有一種避免跟他們直接競爭的心態。不過世界變動的速度很快，我們發現日本很多很棒的品牌，他們也希望產品可以銷往海外市場，對業務來說就有更大的成長空間；所以也在積極找尋國際品牌與平台，幫助他們接軌不同的市場。

🄹 但你們在日本怎麼跟當地的平台競爭？尤其是日本品牌賣給日本消費者時，你們的競爭優勢在哪裡？

✺ 以品牌的角度而言，他們一定都是多管道經營，在不同的平台上販售，他們有自己的官網，少數甚至會有一些實體通路。我覺得 Pinkoi 針對這些品牌，主要的賣點是我們可以幫忙累積國際市場的經驗，拓展國際市場的通路。因為 Pinkoi 有這樣的賣點，所以不管是透過 Earned media[3] 或者是 Owned media(自有媒體)，讓我們有機會接觸到當地的日本客人，也幫助日本客人認識 Pinkoi 上很多很棒的日本品牌。

🇯🇹 看來日本市場確實對你們是重點市場，雖然前幾年你們可能投入不是很多，現在你們開始會積極地投入，讓你覺得現在一定要積極投入的轉折點是什麼？

🌸 我想每個企業都會去想下一個成長動能在哪邊。對 Pinkoi 而言，我們的成長動能大概會分兩個方向，一種是市場的拓展，特別是國際市場的拓展。從剛開始的台灣和港澳加起來只有大概 3 千萬人口，有經營上的天花板。台灣新創企業在資源很少的情況下，可以思考在文化、地理位置、友好程度上，日本市場能夠增加我們的能見度，這是我們第一個思考的成長策略。

第二個就是在現有的市場基礎上，我們如何提供給我們的設計師品牌一些加值服務，而這些服務正好可以解決他們在營運上的痛點，能夠提高他們營運上的效能，讓本地與國際的業務都能更好。

以「BCG 矩陣」檢視資源分配

🇯🇹 到目前為止的發展上，你覺得最大的挑戰在哪裡？

---

3 指透過廣告或品牌以外的促銷活動獲得的宣傳。

🏵 我覺得最大的挑戰是凝聚團隊共識，讓團隊知道日本市場在 Pinkoi 整體的戰略定位在哪邊？為什麼我們現在開始要持續地加碼投入？

因為當我們做戰略上的選擇時，新創事業資源都是有限的。假設我今年只有 1 千元的預算，要分 500 元給日本，那台港澳市場能夠分到的份額就相對減少。但是台港澳相對來說經營得比較久，使用者基數也大，使用者基數大，需要的花費多，所以在戰略地位跟資源的取捨下，在內部溝通上，就會需要充分地討論及釐清。

🔢 所以也是資源分配的問題。就是如何在短期可以馬上看到真金白銀，與中長期投入你認為有策略重要性的市場上，兩邊取得平衡？我以下要從 3 個不同的角度來談這件事。

首先，第一個重點是，大家對於未來一定要攻下來的山頭要有共識。當然話說得容易、做起來難。我的建議是，盡量不要用概念來談。

經營者的任務是，必須要把兩邊的算盤在可能的範圍之內，盡量打清楚。什麼叫做算盤打清楚？現在面對的台灣、港澳核心市場，你已經取得主導地位，業務也做得不錯了，這是一條資源、一條路。另外一條路是日本市場，未來性很大，但是需要下重本投入，而且短期內不一定能夠看得到直接回收。這兩個部分，如何合理地估算？如果 1 千元一半押日本，

一半押台灣，未來 3 年會長成什麼樣子？跟全部押台灣跟港澳市場，未來會長成什麼樣子？這兩個不同的選項，是可以做一些合理的推算。

當然可以去挑戰這個推算的前提、邏輯對不對。如果對前提假設有所質疑，那可以攤出來討論，這樣的好處是至少讓大家是在健康的前提上面認真論證。所有的高階主管、甚至包括一般員工，沒有人希望 Pinkoi 在 3 年後、5 年後是更不好的，大家一定希望更好。只是如果你是用概念來討論，對於「更好」的這條路，可能每個人想法不一樣，有些人會覺得，台灣跟港澳市場發展好好的，為什麼不在這邊加碼？有些人覺得說，日本市場才是未來。所謂健康的討論，其實就是把數字算清楚。不要淪為概念型的討論，要有數據讓大家來分析，然後在客觀的事實上討論。

第二點，在資源分配上，就可以參考我們經典的「BCG 矩陣」(Growth Share Matrix)，我們內部其實稱為「成長 - 市占率矩陣」或「成長占有率矩陣」。這是個 2×2 的矩陣，矩陣有兩個軸，一個軸是成長率高跟低，另外一個軸是市場占有率高跟低。你可以把手邊現有的事業、產品放入矩陣裡。

我們把高成長、高占有率的，定位成「明星事業」（Stars）；然後高成長、低占有率的定位為「問題兒童」（Question Marks），意思就是不知道未來會長成什麼樣子；低成長、高占有率的叫「金牛」（Cash Cows）；再

BCG 成長 - 市占率矩陣 (Growth Share Matrix)

問題兒

其餘
淘汰

選擇
幾個

不知如何處理的機會。需認真
考慮是否有必要增加投資

明星

表現穩健，到處
都是絕佳的機會

投資

高成長

敗犬

清算

市場占有率很低，
將很難盈利

金牛

表現穩健，但是市場不
再成長，機會有限

低成長

低市占

高市占

來就是低成長、低占有率的稱做「敗犬」（Dogs），你也可以翻成是一個輸家（Loser）的事業。

如何理解這 4 個象限？簡單來講，合理的資源分配是，希望用金牛產生的現金流去資助問題兒童，希望問題兒童總有一天能夠變成明星；一段時間之後，明星自己又會變成金牛，不斷循環，讓整個企業能夠很健康地利用舊事業來養新事業。至於處理敗犬事業通常可能考慮 diverse（多角化）。這是典型 BCG 矩陣的用法。

以 Pinkoi 的現況來看，現在台灣跟港澳，其實不能說是金牛，因為它的增長還是挺快的，還有兩位數的成長。如果每年都有兩位數增長，比較像是明星事業，一方面市場占有率是高的，二方面它的成長力度很強。

至於日本市場，目前占有率應該算是低的，但是未來的可能性很大，市場增長應該很快，所以目前是一個「問題兒」。從 BCG 矩陣的角度來看，Pinkoi 的兩難是，到底錢應該投入明星市場，或問題兒事業。

在 BCG 矩陣裡，通常有 3 個要角：金牛資助問題兒童，問題兒童變成明星，明星久而久之變成金牛。但因為 Pinkoi 體量比較小，這個循環對你來講是一個窘境。會有一部分人覺得，明星事業如日中天，正在高速增長，為什麼不投更多的錢下去，而要投到一個問題兒市場？之所以被稱

為問題兒，就是因為只看到潛力，卻沒有人可以保證錢投下去，市場占有率會增加，未來會變成一方之霸。

其他幾個評估的角度

在公司的內部討論中，各地團隊多少會有本位主義。純粹從 BCG 矩陣角度來看，怎麼把大家拉到這條線來思考，確實是挺難的，我有一個新的建議跟想法。

大公司在思考的時候，不會只從 BCG 矩陣的角度來看，一定會從各個角度來看資金部位的分配。比方說策略重要性的角度，今天投入一個新事業或是新市場，可能我們認為它對未來公司整體的策略重要性非常高，這種判斷是一個重要角度。另外一個角度是 TSR（Total Shareholder Return，總股東報酬率），從股東回報的角度來看投資。

這些不同的角度，很難講對錯，在決定對某個市場、某個產品、某個事業要不要投資時，會把這些不同的角度全部攤開來，一方面用成長跟市場占有率的角度來看，一方面用策略重要性的角度來看，一方面又要用股東的角度來看，有些時候甚至會從員工的角度，就像 Pinkoi 對 ESG 很重視。

這幾個角度代表的結論都不太一樣，所以沒有所謂的魔術公式，算一算

就知道該不該投資日本。列出不同的角度，大家一起討論，最後還是要靠經營團隊自己來判斷。

當然對大公司來講，他們有資源，可以用不同的角度徹底來分析，可是這不代表說像 Pinkoi 這種比較新創的公司，沒有辦法從不同的角度來分析跟理解，只是分析顆粒度的大小與精緻度的高低而已，但把不同角度都列出來，是非常重要的。只有這樣，才會回到一開始的問題，也就是怎麼樣讓大家能夠站在同一條線來看事情。

很多像是紅杉[4] 這類創投機構，他們會有他們的角度，投資人的角度跟經營者的角度有些時候是不一樣的。

🌸 比較幸運的是，我們的投資人大多是國際機構投資人，比較會從 TSR 的角度去想，如果說 3 年之後 Pinkoi 的市場只有台灣跟港澳地區，這不是一個會讓投資人覺得興奮的故事。所以從紅杉的角度來說，它一定非常鼓勵、支持我們拓展國際市場，他們對於這件事情的期待甚至可能是遠高於我們自己的想像。

JT 一線的創投或是私募資金在投資時，資源分配的角度很特別。比方說很

4 紅杉資本，1972 年成立的創投公司，在美國、印度、中國與以色列設有辦事處。

多一線公司，像 Uber，他們選擇進不進市場的邏輯，跟 Pinkoi 來比，相對很重視「速度」。他們在乎的是，如果今天在各地都是第一名，這個「資本故事」（equity story），到底對我的投資人、對我公司的市值的貢獻有多大，而不是去計較今年的投資報酬率或明年的投資報酬率。

不能說他們一定對，只能說他們用不同角度來看。因為對投資人來講，回報率的關鍵就是整個公司的市值是否上升，所以從投資人總報酬的角度，他們更重視的是資本市場的故事；成長跟市場占有率，比較像是從市場角度來看；而評估戰略的重要性，則比較像是從經營者本身的信念，再加上資本市場在乎的角度。

用這 3 個角度分析，所得到的結論可能不太一樣。當然對你們來講，很幸運的就是，經營者的眼光跟投資人對你的期待，兩個看來是一致的。可是在一開始從市場占有率跟增長率的角度來看，就有一點點矛盾。所以把這 3 個角度列出來，跟公司員工或其他人溝通時，相對更容易一點。

我的第 1 個提醒是，要先把事情想清楚。使用客觀的數據，想清楚才能做比較。

第 2 個就是用不同的角度來看資源分配。包括 BCG 矩陣還是挺好用的。

第 3 是溝通。溝通非常重要，而且是一定要做的。很多經營者都忽略溝通的重要性，溝通並不是只用嘴巴講就行了，必須要有憑有據，或者至少拿出數字或分析來溝通。大家仔細回想這 3 個提醒，真心思考公司團隊該做的事，就是往前跨出一大步。

分配資源也要共享成果

還有一個事情不要忘了，在核心事業打拚的同事們，千萬不要變成，他們同意支持日本市場了，最後日本市場做起來，對他們反而沒好處，我想講的是誘因（incentives），動機還是挺重要的。要讓核心市場的同事願意把他們努力賺來的資源，投到一個不是他負責的領域，如果這個領域成功了，他應該是要有功勞（credit）的。這部分很多經營者容易忽略。日本市場做起來，老闆說這都是日本團隊努力的結果，所以什麼好處都被他們拿走，這種事情只要發生一次，你可以想像，如果除了日本市場還有第三把劍要使，就使不出來，因為大家會想，幫了你，對我一點好處都沒有。

❋ JT 提到內部溝通時需要注意的細節，這個提醒對 Pinkoi 很重要。譬如我們今天把某些市場的資源，移到一個新興市場時，大家應該是要共享成果或報酬。Pinkoi 每個月大概有 30% 都是跨境訂單，就是不管是台灣品牌賣到日本，或者是港澳品牌賣給台灣客戶，每一筆跨境交易，都是幫

助兩邊的團隊達到目標。所以這幾年我們在內部獎酬的系統設計上，都會考量到彼此相對的貢獻，讓大家可以去共享這些令人興奮的結果，也讓彼此的努力在跨境業務上相輔相成。我們初期也曾忽略這些考量，而在這幾年的跌跌撞撞中慢慢學習。如果在 3、4 年前就知道，我們應該可以少犯一些錯誤。

🔵 除了資源分配的兩難，還有沒有其他經營面的痛點？

⚫ 從 BCG 矩陣，我覺得大概可以得到一些方向。但我們遇到的問題是，不同市場競爭狀況不一樣。譬如台灣整體電商都在競爭每一個消費者口袋裡的可支配所得。台灣有很多不同的國際及本地電商，都在這裡面競爭，我覺得台灣市場競爭是非常非常激烈的。但在日本，競爭好像其實沒那麼激烈，所以在內部與團隊溝通時，不曉得如何找到共識。

🔵 日本市場感覺競爭沒那麼激烈？這很有意思，可不可以講清楚些？

⚫ 第一個，日本的外來競爭者不多。台灣市場常常有很多外來的企業，不管是韓商、東南亞商、陸商等等，再加上本地的企業。日本整個產業變動並不快，沒有太多外來企業來競爭，大部分都是日本本地的、可能十幾年的巨頭，與少數的新創事業。所以在競爭上，我個人覺得可能沒有像台灣市場裡面有新創、也有國際的大玩家交互競爭。

🔵 感覺日本競爭沒有那麼激烈，也有可能是你們對日本消費者、品牌商還沒有了解得很透徹。以往的經驗是，日本的市場競爭很少不激烈的，只是他們打法跟其他市場通常不太一樣。很多外商一開始要進日本市場時，反應跟速度都很慢，日本人的競爭點不是一般外國人可以看得出來的。

我剛好手邊有一支鋼珠筆，我給你聽個聲音，這是把筆蓋蓋起來的聲音，這筆是在日本亞馬遜上面買的，應該 1500 日圓左右，某個網紅號稱日本最推薦這種鋼珠筆。

✳️ 我在現場聽起來真的非常有質感。

🔵 為什麼拿這個筆出來，就是因為光是打磨筆蓋，不是只有聲音、包括感覺，甚至還包括它的品質能夠保存，其實就是日本所謂的職人精神。這個職人精神，不是只有在商品上面，也包括在網路服務上，比較會傾向利用不斷打磨的思考方式。東西一定有好有壞，好處就是它精益求精，追求極致，但是缺點就是在網路世界裡面速度就很慢。

✳️ 對。

「多元本土化」的經營趨勢

JT 你不知道他們在糾結什麼，為什麼那麼慢？可是平台業者要應對品牌商跟消費者，若兩邊都那麼慢，你一個外來者就會覺得這個世界怎麼那麼慢，所以競爭好像不激烈，這個想法不一定正確。有時候看，你會發現他們在比的東西不是你想像的。很多國外品牌在日本也有成功案例，像亞馬遜在日本就非常成功。你會發現這些外商在日本成功都有一個共同特質：它絕對不是拿比方說美國的模式直接叫日本照單全收。他們通常會花很多力氣去理解到底這裡的遊戲規則，不是用國外的邏輯看日本市場的。

再進一步講，不是只有日本市場是這樣的。全世界的市場，包括中國大陸、東南亞、印度等，你會發現市場競爭越來越激烈，所以怎樣理解當地市場的打法，這個事情越來越重要而且越來越難。

Uber有一段時間在新加坡到處買車子，原因是Uber在新加坡的駕駛不夠，導致服務很差，所以Uber打破輕資產、不養車隊的模式，因為如果不這樣，Uber在新加坡市場沒辦法競爭，這只是一個例子。越來越多公司必須走向 multi-local（多元本土化），意思就是雖然是跨國公司，但每一個在地市場有在地市場的打法，跟以前土法煉鋼的打法不同，關鍵差別在於現在的數位科技。因為現在有數位科技，個性化越來越容易，個性化

就是因地制宜，做法可以彈性調整。比方說在日本的行銷方法跟在印度市場、泰國市場行銷方法不一樣，因為有很多數據參考，可以很快地、動態地調整行銷方法。

跨國企業要在各地成功，善用數位科技、個性化調整市場的做法，越來越重要。有兩種極端的做法都不容易成功，一個模子全世界一樣的打法，這樣很難成功；另外就是土法煉鋼，每個市場長得不一樣，可是你都是一個一個市場慢慢地做，這個也不太容易成功。最好的方法就是你能夠有一個非常強的平台，能夠讓你去應付不同市場的不同做法，雖然看起來非常分散，可是包括數據平台、物流平台等，非常有彈性，這是未來各個公司都要努力的方向，有點像所謂的仿生型企業[5]，你的底層其實就有很強的科技底子支撐，不管是一對一的個性化行銷或營運，底層是一個非常強大、有彈性的平台。

❀ 關於 multi-local 的論述，非常有啟發性。過去我們都專注在跨境成長，但是 multi-local 反而讓我們思考，尤其是新冠疫情之後，如何根據當地市場，因地制宜、因人而異、適才適所。Pinkoi 是個平台，底層有很多科技化的模組，不管是從 AI、SaaS 服務、相關的金流、物流、資訊流，這些都是模組。不同的模組，在不同的市場，如何在符合當地民情、消費者行為下做客製化，我覺得收穫很大。

---

5 bionic company，能結合科技力量不斷創新，並讓企業達成高效營運。

JT 現在有很多領先的企業，都是慢慢朝這個方向做。中國大陸幾個領先的公司，像阿里巴巴，它出了海外以後，不一定都長一個樣子，它甚至變成是一個平台，提供平台服務給當地的品牌電商，包括金流、物流等等的交易。

隨著全世界每個市場競爭激烈，如何脫穎而出，必須要因地制宜，而既要符合當地的需求，又要讓公司內部的營運大量簡化，關鍵利器就是數位科技。

破關 Tips

- 與團隊尋求共識時，不要用概念來談。要有數據分析，在客觀的事實上討論。

- 經營者必須把兩邊的算盤盡量打清楚，做合理的估算。例如：全押一邊或各押一半，3 年以後會如何？。

- 參考「BCG 矩陣」做資源分配：用金牛資助問題兒，問題兒變成明星，一段時間後會變成金牛，不斷循環，讓整個企業很健康地利用舊事業來養新事業。

- 用不同的角度來看資源分配：成長 - 市場占有率、策略重要性、總股東報酬率、ESG 等角度。

- 把不同角度都列出來討論，有助於讓團隊站在同一條線來看事情。

- 要讓核心事業支持新事業，須提供誘因：新事業成功了，核心事業也應共享成果。

- 日本的市場競爭很少不激烈的，只是他們的打法跟其他市場通常不太一樣。

- 外商在日本成功的共同特質：花很多力氣去理解日本市場的遊戲規則。

- 跨國發展必須走向 multi-local，因地制宜。善用數位科技、個性化調整，讓自己成為仿生型企業。

資源有限，如何兼顧
短期獲利與長期目標？

創業 11 年、超過 1 萬 4,000 家餐廳的磨練，iCHEF 將 POS 系統定位為「智慧餐飲科技」，打造訂閱制的商業模式；同時也希望透過線上線下的整合，拉近店家與消費者的距離。

iCHEF 共同創辦人兼執行長吳佳駿在 2022 年 1 月的這場對談中，討論到當時面對一個兩難的局面：在短期獲利與耕耘新市場的中長期投資布局之間，該如何取捨抉擇？又該用什麼方式評估並說服工作夥伴與投資人？ 1 年後，這場耕耘已經慢慢開花結果，但回顧中間掙扎的歷程，一樣值得思考借鏡。

對談人

吳佳駿　Ben

iCHEF 執行長

Profile：iCHEF 資廚

成　　立／ 2012 年

創 辦 人／吳佳駿、程開佑、何明政

主要服務／餐飲 POS 系統、線上訂餐平台

員　　工／全球約 170 人，台灣 140 人

成 績 單／◉ 在台灣擁有超過 1 萬 3,000 家餐廳客戶

　　　　　◉ 進入其他亞洲市場：香港、新加坡，累計約

　　　　　　 1,000 家會員客戶

　　　　　◉ 線上訂餐平台累計 2,500 家會員客戶

　　　　　◉ 德國 iF Gold 設計獎、德國紅點設計獎

　　　　　　（Red Dot Design Award）、日本優良設計獎

　　　　　　（Good Design Award）

🔵 現在台北市比較新的餐廳，外場服務生幾乎都是人手一台 iPad，幫忙點餐、結帳等。不用猜就知道，一定是你們家的客戶。這個非常不容易，尤其是能夠達到 1 萬家[1] 的客戶。

✳️ iCHEF 2012 年創業時，是針對中小型餐廳線下的營運流程設計的。10 年之後，我們發現餐廳的經營型態，已不僅限於在線下。尤其 2020 年開始的 Covid-19，使很多餐廳的經營型態，慢慢也要顧及線上。所以 iCHEF 在最近這兩年，也開始著手幫店家處理線下線上整合。2022 年 1 月為止，我們在台灣就已經服務超過 1 萬間餐廳。現在更重要的事，是幫助這些餐廳建立起一個能在線上接觸客戶的管道，我們正在著手進行。畢竟 iCHEF 10 年了，我們正在努力往上市的里程碑邁進，所以也希望 iCHEF 能夠慢慢讓更多的投資大眾知道。

🔵 疫情對你們產生什麼樣的影響？

✳️ 其實影響很大，大家沒有想到傳染力這麼快速，再加上台灣政府採取的防疫措施是先以隔離為主，所以影響比較大的有兩個時期，一次是在 2020 年的 3 月到 5 月，一次是 2021 年的 5 月到將近 8 月之間。

上次台灣其實防疫做得滿好的，餐飲只有一開始受到一些影響，當然觀光是首當其衝。2021 年 5 到 8 月三級那一次，餐廳真的就沒辦法內用了，

而餐飲業有 70% 是採取內用的形式，所以一旦被下令禁止內用，營業額就會受到很大的影響。但同時也拜科技所賜，2015 年外送平台崛起，不過外送平台的成本滿高的，iCHEF 也發現到這件事，所以我們從 2020 年開始，推出了 iCHEF 的點餐網站，幫助店家建立他自己線上的專頁，提供餐廳與消費者之間，除了 Uber eat 或 foodpanda 以外的另外一個管道，只是這個管道是餐廳自己經營，把它的菜單、營業時間、模式、消費方式放在上面，等於它擁有自己的平台。

從現場點餐到建立線上平台

🔵 平台是架在你們家的雲上面嗎？

🔴 對，它跟我們的 iPad POS 系統是連動的，我們希望能夠做到最效率化餐廳的營運，當消費者在下單的時候，不用在多個接單系統裡面去轉 key 才能看到訂單，而是透過 iCHEF 的系統來整合，所有訂單就會直接進到廚房後台做餐。

🔵 10 年一路走過來，有沒有遇到什麼樣的挑戰？

---

1 此為 2022 年初數字；2023 年 6 月全球已達 1 萬 4,000 家，台灣占 1 萬 3,000 家。

✳ 我一直在想，過去這 10 年，我們有很多不為人知的堅持。譬如說，iCHEF 在 2014 年開始做餐廳經營者的社群，其實一開始我們的想法是讓我們的客戶聚集在一起，可以彼此分享知識。但老實說做這件事完全是一個投資，要求的回報也很少。我們當然希望客戶可以多了解我們，進而多向大家推薦 iCHEF，但這不是我們最重要的考量，我們當時希望的是，使用 iCHEF 的客戶可以從 iCHEF 獲得除了系統以外其他的經營知識。現在我們的餐飲社群還持續地茁壯，只要是 iCHEF 的用戶，就可以免費享有社群的權利，包含參與我們的實體活動、線上課程，都能協助他了解經營餐廳的相關知識。

我常常在思考的事情就是，這是一個投資，我們希望能夠幫助店家越來越能跟消費者互動，除了透過實體到店用餐消費以外，也可以透過 iCHEF 系統去聯絡消費者。比方說他可以建立會員，記錄消費者的用餐習慣，我們可以幫忙累計點數，甚至協助餐廳發送優惠訊息給消費者。

可是目前為止，還很難從這些投資直接獲取回報，因為 iCHEF 的商業模式，並不是今天我幫餐廳帶來一個客人，我就能立刻向店家收 5 塊、10 塊。長期來講，我們希望幫助店家創造更好的營收。但這種決策與開發很容易受到挑戰，包含對公司內部或者投資夥伴溝通說明：為什麼 iCHEF 要採取這樣的做法？為什麼要投資更多？為何要招募更多工程師投入研發？反之，我也會想，如果不做這個事情，那會不會到 2032 年，iCHEF

可能就不在了？我是不是能夠帶著我的團隊、我這間公司，走到更長遠的一個地方去？

短期利益與長期目標的衝突

🔘 所以具體來講，就是短期看得到好處，跟中長期才有可能看到好處的事情，這兩邊怎麼去平衡取捨是嗎？

✸ 我們在公司要做一些決定或投資的時候，時常是希望能夠對這間公司的 5 到 10 年發生影響力。打個比方，我們最近一直在幫助店家去跟消費者互動。透過 iCHEF 的系統，除了剛剛提到建立一個線上的接單管道以外，我們也希望它能夠用這個系統去經營會員、了解消費紀錄、給予點數等等互動方法。但這樣的想法是需要去對我們的內部員工以及投資夥伴說明的，因為畢竟我們的商業模式不是按客戶收費，最終還是希望讓我們店家的生意變得更好。當我的店家生意變更好的時候， iCHEF 在中間才有辦法創造價值，捕捉價值。

所以在日常營運中，很常遇到這種我如果做一件事情，它可能不會帶來立即的效果；可是如果我不做，又擔心會不會 2032 年就沒有 iCHEF，或者是 5 年後 10 年後，公司就因為我當時沒做這個決定，而遭遇更大的挑戰。這確實是我最近在思考的問題。

🄹 所以你現在遇到的兩難就是，短期的好處跟長期的能力建設如何兼顧？尤其當你在研擬中長期的經營計畫時，常常對短期的利益或是資源，要做一些取捨。

🌸 我想所有想要出來創業的人，心裡都一樣想為一個長期的理想邁進，偏偏就現實面來說，資源有限，不只要養團隊，還要創造亮眼的財務結果。所以通常在這個過程裡面，心裡都滿煎熬的。

🄹 那你做了什麼事情，來平衡現階段的努力與長期的目標？

🌸 現在就是盡可能的把數字弄清楚，但數字弄清楚也有點挑戰，至少我們會希望的事情是，<u>了解客戶真實的需求，做出來的東西有客戶願意使用，我們再從中衡量那個價值，進而找到可以變現的方法。</u>但這樣通常 3 年就過去了。

🄹 所以你現在遇到的兩難是：餐廳用戶每個月用你們家的收銀系統，有付固定的費用；但是你們現在想做的是幫助餐廳能更好地跟它的客戶互動，但這個事情對你們每個月跟餐廳收費，不一定有直接的相關，就算他們的互動更好，它也不會每個月多付你錢。所以你現在要推動你的團隊去做跟 2C 的用戶互動，可能就會有人質疑這個事情會幫我們帶來更多的餐廳用戶嗎？餐廳會給我們更多錢嗎？投資人可能也會針對你花的這些研

發的錢提出質疑。

　對，因為每要開發一個功能，我們必須先找團隊。

JT 你剛才提到要把數字弄清楚，可不可以講清楚一點？

　我們比較關注的是做出這個產品之後，有多少客戶會使用。iCHEF 在台灣有 1 萬家餐廳在使用，在我們開發的點餐網站上，已經有大概 6 千多家餐廳秀出他們自己的頁面，其中平常在交易的大概有 3 千多家。每一家從平台上面獲取的訂單數，從十幾張到幾百張、上千張不等。

JT 你現在並沒有在這些訂單上去分潤，對吧？

　目前沒有。（請參閱下頁後記）

JT 等於是「做功德」給這些用戶，就是餐廳客戶可以用這種方式直接去拿 2C 的訂單，但是不需要付平台費用。

　所以你現在唯一能夠說服利害關係人的就是：至少消費者有在用，餐廳用戶也在用，而且確實有人在上面下單，這個事情對我的客戶本身是有幫助的，否則他不會用，所以請你相信我，總有一天會有回報的。

多年布局跨入回收階段

本次對談結束後不久，iCHEF 即在 2022 年 3 月起，針對使用 iCHEF 線上接單平台的餐廳用戶採取收費機制，目的是讓這個長期以來免費的服務，能夠開始獲得一定比例的回收，才能持續投入開發新的服務功能。

執行長吳佳駿坦承，原有 3,000 家活躍用戶，因為須開始付費而瞬間驟減 5 成。然而，因為 iCHEF 接單平台持續推出新功能，如更多的線上支付方式，可減少訂餐的呆帳風險，還能明顯提高客平均消費單價，甚至可協助餐廳做會員管理等，讓餐廳用戶開始看到平台的價值，因此到 2023 年 6 月初，付費用戶已回升到 2,500 家餐廳，並開始貢獻公司 3-5% 的年營收。iCHEF 未來仍會不斷優化服務內容並微調商業模式，以吸引更多用戶加入。

顯然，1 年多前困擾吳佳駿的長短期經營兩難問題，已捱過陣痛期，找到變現模式。吳佳駿指出，疫後幾個月來，除了 iCHEF 的 POS 核心業務持續加速成長，線上接單平台這條新產品線，也可望走出 iCHEF 的第二條成長曲線。

下一步，iCHEF 已瞄準美容美體產業，將結合人工智慧技術，為這種最難數位化、最需要個性化服務的經營者，解決其在行銷、預約、客戶消費紀錄管理，及後台收益、分潤等的經營端痛點。這項服務已在短期內取得約 200 家付費用戶，可望創造另一個新藍海市場。

● 總有一天我會找到方法賺錢的。

🔵 現在很多網路公司也都是這樣子的，先有流量再說，有流量就有希望可以變現。可是你也感覺得到壓力會逐漸變大，因為股東很期待你錢一直投下去，總是要有哪一天可以把錢轉回來給我看，對吧？ROI² 在哪裡？投資報酬率在哪裡？你現在有沒有什麼想法？

● 我們等於前面 10 年有建立一個訂閱制商業模式的基礎，在這個基礎上面，iCHEF 已經有一定的實力，這個實力會為 iCHEF 帶來相對穩定的現金流。只是我們現在面臨的抉擇是：要繼續去優化單一種商業模式，還是去挑戰新的商業模式，幫店家往消費端前進，未來可能有比如說分潤、廣告這種想像。

但是因為都還沒有付諸實行，所以就很難去量化。但是既有的這種訂閱模式，倒是有一個不錯的衡量方式了。現在跟公司的夥伴、跟我們的投資夥伴大多也是用這種模式溝通。其實就有點像是用已經驗證過，已經產生的一些效果，來支撐我未來的投資。只是我們對於新的嘗試，還沒有找到合適的衡量方式。

---

2 Return on Investment，投資報酬率，指投資後所得的收益與成本間的百分比率。

中長期布局 三路並進

🆓 不管公司大小，CEO 常常會遇到短期利益跟長期策略、或者建立新事業，如何兼顧的問題。長期的東西不做肯定不行，尤其現在<u>社會變動那麼快、市場變動那麼快，如果只看短期利益，很有可能哪一天所謂賺錢的方程式一下子失靈了，而又沒有為未來做準備的話，公司突然就會不見了。</u>但若光是去做中長期建設，然後一直沒有一些變現的結果出來，你會發現你越做越痛苦，人家讓你燒那麼多錢，你永遠都是在紙面上呈現一些數據，沒有真金白銀回來。這個問題對大家來說都一樣。BCG 通常會建議有幾個方向要並行：

1. 速贏（quick win），你要讓人在短期之間可以看到明顯的效果。為什麼講速贏？因為夢講得再美，如果大家沒有在短期之內看到一些好處，或是看到一些具體的改變，恐怕很難被接受，<u>算盤打不攏都沒關係，但至少他要看得到方向，短期有看到一些好處，這樣子的話，即使是長期作戰，也會增加大家對你的信任感，</u>所以短期 quick win 是一個非常大的關鍵。

2. 對於中長期的布局，<u>必須是一條有邏輯性的路。</u>邏輯性的概念是什麼？首先你要有辦法去闡述<u>「如果公司沒有做這個事情，3 年後會變成什麼樣子」，</u>我們叫 case for change，就是「不改不行的理由」，這是

<u>非常非常重要的。</u>很多公司在做中長期的布局時，常常忽略了 case for change。忽略的結果是什麼？大家對你做這個事情，感覺就只是老闆自己一時興起，可能只是去聽了一場演講，又被煽動了，或者又聽到一個像「元宇宙」這種熱門字，就跟風。或許你的願景沒有錯，可是你沒有花力氣去想，去說服團隊或是投資人，或是你的上游、下游、左邊、右邊，為什麼公司不改不行？ Case for change 是非常重要的。

3. 為了去架構這個事業，你需要有一個<u>配套的改變</u>。這配套有可能是組織、新的人才，甚至有可能是你的 IT 數據，反正就是支撐你現在這條路必須要做的事。

記住這 3 條路，我們通常會建議客戶這 3 條路都要思考，而且都要去推行。

組織、人才等配套要跟上

但有些公司比較慘一點，沒有資源可以同時兵分三路，這種公司就可能已經出現危機了，現金只剩 3 個月了。這個時候沒有辦法，只能夠把 8、9 成的比重放在短期，因為他根本活不下去了。

可是大部分公司就像 iCHEF 現在一樣，現況成效不錯，做得還可以，只是 CEO 看到一個危機或願景，他覺得必須做能力建設、做一些突破，像

你們要做用戶點餐網站等等，看到一個方向，但是<u>你不能只看、只推一個方向，你必須這 3 條路比重要抓對，然後同時往前推。</u>

很多公司看到了短期跟長期的方向，但忽略了組織、人才等配套。忽略的意思是什麼？比方說，公司實際上沒有人懂這個東西，畢竟你們以前都是看餐廳，你們對於分析消費者怎麼用餐等等，不一定有這方面的人才。如果沒有跟上，最後就會導致，短期確實有一些速贏，長期你可能確實也看到一個對的方向了，可是就是組織等層面你沒有搞清楚。舉一個最常見的例子，就是如果只是單純設一個新事業，讓它跟核心事業去自然競爭，你覺得誰會贏？

🟦 核心事業吧。

🔘 為什麼是核心事業贏？因為財大氣粗嘛！公司 99% 獲利是核心事業賺的，人才也大部分在核心事業裡，比方說搶年度預算，核心事業一定會說，這錢都我賺的，如果拿這個錢去養新事業，他一定會不爽，因為從核心事業的角度看，養新事業對他有什麼好處？看似比較自私，但他自私也不是為了他個人，是因為後面還有很多同事要靠他。

不只搶錢搶輸他，搶人也會搶輸他，為什麼？人才在選擇要加入新事業還是核心事業的時候，大家都會怕加入新事業，因為如果沒成功怎麼辦？

新事業不成功機率很高，如果在那邊花 2 年、3 年，到時候沒成功，我是不是在這家公司的職涯也就完蛋了？人也不好搶。所以組織對這個事情，如果沒有做一個適當安排配套，很有可能在做新嘗試時，短期跟長期平衡也會翻車的。

▓ 其實我們一直在想的也是幫餐廳找到消費者這件事情，有沒有一些短期可驗證的成果，如何才能有快速的成效。至少先確定我們推出的這個服務，是餐廳客戶真正要用而且也願意付錢的。原因是我們幫他做好了系統的整合，建立通路，他不用再受制於其他平台。客戶可能要付給外送平台高達 35% 的抽成，但是試著再用我們的平台，先付一點點小錢體驗，就能有所改變，這是我們現在採取 quick win 的做法。

中長期方面，我們確實也趁著 iCHEF 滿 10 年，梳理我們對未來的想像。大家都會問：「Ben，你覺得 5 年後的 iCHEF 應該長什麼樣子？ 10 年後的 iCHEF 應該長什麼樣子？」我們現在也想趁著這個機會，把它描繪得更清楚。

組織的調配，相對來講就比短期速贏與長期願景模糊了一點。包含剛剛你提到人才或者是組織運作的調整，我覺得我們現在才剛跨出建構一家卓越公司的第一步，我們希望可以把 iCHEF 推到資本市場，讓更多投資大眾認識我們。而這段正在建立底氣的過程，我也還在學。

| 進入新市場的
策略思考框架 | ❶ 我們該投入這
個市場生態系
嗎？ | ❷ 我們如何識別
其中可行的機
會？ | ❸ 我們在其中
應扮演什麼角
色？ |

「溝通」有助於平衡兩難困境

🅙 新創公司的強處在於比較敏捷，不像傳統大公司，每個人都有很明確的工作職責，如果政策改來改去，大家會不舒服，加上公司體量大，改革步伐會比較亂。但小公司就可以不斷地改變跟嘗試。其實你們公司嘗試改變這個方向，我覺得不會像某些公司那麼困難。我舉例，如果你是在可樂公司服務，今天你發現，未來氣泡水是健康的趨勢，大家開始喝氣泡水，不喝糖水了，如果在公司裡面推氣泡水，可以想像這個壓力會有多大，對吧？

✹ 做糖水的就反對。

🅙 對。因為等於是一個方向成長，會砍到另外一個方向。但你們家還好，原因是你的短期、長期方向是會互補的。所以你這邊會需要花力氣的，應該是去充分溝通。溝通的對象當然包括員工，員工又分比較高層員工與真的在第一線工作的員工。另外就是投資人，溝通這個事情還是挺重要的。

❹ 我們如何建立自己的生態系統？

❺ 我們如何才能戰勝競爭者？

❻ 我們如何在生態系統中獲取價值？

❽ 我們的生態系策略如何隨著時間推移而演化？

❼ 作為生態系的貢獻者，我們如何賺到錢？

剛才講有 3 條線，短期、長期跟配套這 3 條線，把所有東西串起來的，其實就是你要講一個很好的故事。你們現在當然還沒有上市上櫃，等到上市上櫃時，這個更重要。一旦上市上櫃，公司每一季都要交財報，大家會看。

台灣很喜歡看 EPS[3]。如果今天你在做這種中長期投資，多多少少會影響到你本來的 EPS。本來 EPS 假設可以達到 5 塊錢，就是因為進行了中長期投資，所以可能變 4 塊、3 塊，在台灣這常常會直接影響到股價。所以你怎麼樣有效地溝通，其實是非常非常關鍵的。

根據我自己的觀察，不是只有小公司，即使是大公司，大家對「溝通」這個事情，其實是有點太輕忽了，覺得我只要做對的事，別人會理解的，但其實不是這樣子的。我們最喜歡玩的嘗試是什麼？比方你們公司一階主管可能不到 10 個，你只要做一個簡單的調查，比方說現在要推 2C，你是否有被說服？或者若 iCHEF 不做這個事情，公司 3 年、5 年後會遇到危機的程度。如果用匿名投票的話，你就會發現回答的差異很大。

---

3 Earnings Per Share，每股稅後純益。

為什麼這樣說？因為直接一對一的時候，你會聽到很不一樣的聲音，在老闆面前，老闆一定是對的，可是私底下他們不一定認同。尤其是他們今天要同時做短期與長期兩個事情，對他們的壓力肯定會增加。

我想講的就是，溝通有些時候可以把兩難做一定程度的平衡，是必要、而且很容易被忽略的事情。

另外比較容易被忽略的就是衡量指標。短期很容易衡量，永遠就是流量、客戶數、財務，這種東西白紙黑字騙不了人。所以大家以前都看數字，也喜歡看數字，因為這是最容易看懂的。但中長期的衡量就比較難。

當然因為你們在推 2C，還是有一些基本指標可以衡量，包括到底有多少人、多少餐廳、每天多少訂單等等。所以 iCHEF 運氣還算不錯，關注的指標是可以被衡量的，從短期到中長期都是。有些比較辛苦的企業，前 2、3 年是找不到衡量指標的，因為包括像一些基礎科技的研發，這些科技到底有沒有辦法商用化，有些公司是要花 1 年、2 年，甚至 3 年以上的時間。你們還好沒有遇到這種衡量的挑戰，但是也因為對你們來講衡量指標比較容易，所以我會建議，作為溝通的一部分，你要讓大家知道你是怎麼衡量短中長期的相關指標，甚至可能要定期說明。

對投資人來講，最理想的就是一開始先講我未來 2 到 3 年的大計畫，什

麼是 case for change ？先解釋完，解釋完以後我告訴你，它前 1、2 年帶來的營收可能會非常少，甚至沒有，但是我告訴你我每季要追求的目標是什麼。

● 不一定是財務指標？

🆓 對，而且基本上一定不是財務指標，反而是看你投資的方式。比方說你如果要一年花幾千萬在這上面，那你反而是每年跟他報告說，今年這些經費原本承諾怎麼運用、實際又是如何，在這之外，更重要是盡早跟 stakeholder（利害關係人）溝通，讓他知道你的里程碑。例如，我的平台

今年 6 月就要上市，今年到年底前，我要得到 3 萬名 active users（活躍用戶）。當然你可以調整，但你必須要每季、或是每次開董事會時跟大家報告，例如固定有個時段跟他們報告案子的狀態，從上次承諾的項目到現在的進程、或是下一季要調整的指標和原因。重點是要持續溝通，從中確保大家對你的支持。

而不是你丟一個夢，說未來趨勢如何，所以現在就要投資下去，例如研發就花個 2 億，但就是要做。這樣的話你可能會越講越虛，越虛的話，你當下會輕鬆，但後來一定很痛苦。因為人家可能不會放行，不理解你為什麼花這筆錢，然後質疑每個細節。所以與其把目標講得很空泛而因此受到別人質疑，還不如把目標具象化，然後溝通、說服大家為什麼我要這樣做。這件事不是自然而然，而是需要花費心力的。CEO 大家都想做事，新創 CEO 更是，但很少 CEO 會花時間思考如何溝通，從溝通的素材到如何說故事，這個部分我覺得可以好好想一想。

🌸 我發現到有些我們現在確實已經在做了，包含從 2021 年下半年開始跟公司內部夥伴進行一對一溝通，不斷地跟所有夥伴說明，我看到的、想像的、跟公司想達到的最終目標跟成果，因為我們要打造一個新的服務。你剛剛提到的這幾個環節，比較有架構，確實是我之前沒有想到的。今天對我來說收穫很大，我會重新從剛剛您提到的 3 個方向去思考，哪些事情可以做跟怎麼落實。

破關 Tips

- 推動中長期目標：創造速贏、給出「不改不行的理由」和組織配套，三路並進。

- 「速贏」可以讓人在短期內就看到成效，產生信心。

- 中長期的布局，必須是一條有邏輯性的路。

- 設定正確的願景方向之外，還要有 case for change，讓大家知道為什麼要改變、為什麼要開發新的事業和能力。

- 社會環境變動太快，很有可能你賺錢的方程式一夕之間就失靈，所以你必須為未來做準備。

- 把目標具象化，CEO 需要花費心力去溝通，說服大家為什麼要這樣做。

- 新創公司要說服利害關係人，里程碑比財務指標更重要。並且要定期說明，持續溝通。持續溝通有助適度平衡短中長期的共識，讓 CEO 更容易獲得支持。

- 好的 CEO 要有說故事的本事。

衝刺機會 vs. 管控風險 怎麼平衡最好？

CloudMile（萬里雲）是一家 AI 與雲端服務供應商，它是台灣第一個得到 Google 認證的託管服務供應商（MSP），並於 2022 年 3 月拿到台灣大哥大、富爾特共同領投的近新台幣 4 億元 C 輪募資。

這是劉永信的第三次創業，這次訪談，他分享了對 CEO 責任的思考，認為 CEO 主要的工作內容有「3 ＋ 1」，而最後這個「1」，就是風險控管。一家成立才幾年的科技新創，正處在全力衝刺業績機會、追求成長的階段，為什麼要如此慎重看待風險管控？又該怎麼做？

對談人

劉永信　Spencer

萬里雲執行長

Profile： CloudMile 萬里雲

成　　立／ 2017 年

創 辦 人／劉永信

主要服務／提供企業公有雲技術與雲端建置、管理與應用的技術顧問服務

　　　　　利用 AI、機器學習與深度學習技術，協助企業進行商業預測與產業升級

成 績 單／◯ 2023 Cloud - Transportation category at the Malaysia Technology Excellence

　　　　　Awards

　　　　◯ 2022 台灣金牛獎「最傑出中小型企業獎」與「數位轉型獎」

　　　　◯ 2021 劉永信獲頒「100 MVP 未來經理人獎」

　　　　◯ 2020 獲選全台唯一 Google Cloud MSP 雲端託管菁英合作夥伴

　　　　◯ 2017 獲選科技部「台灣 10 家最酷科技新創公司」

🔵 請 Spencer 簡單說明一下，萬里雲是在做什麼的？

⬤ 萬里雲是一家數位轉型公司，提供雲端以及 AI 相關服務。我們的營運範圍除了台灣之外，也包括香港、新加坡、馬來西亞以及整個東南亞地區。

我們服務的對象分成兩種，第一種是所謂的數位原生（digital natives）公司，就是原生在雲端營運的公司。譬如說直播平台、電商平台、線上遊戲業都是。另外一種是企業，譬如說金融、半導體和製造業等企業用戶。

🔵 一般企業用戶來找你們，是為了想解決什麼樣的問題？

⬤ 「上雲」，上雲也是萬里雲的中心思想，我們滿足客戶上雲的需求。這個需求除了是數位轉型的一部分，更反映了一家公司的創新（innovation）和開放（openness），這是雲端很重要的優勢之一。

🔵 那 AI 的服務是什麼樣的服務？

⬤ 我們稱為「雲端－數據－ AI：數位轉型三部曲」。第一部是雲端基礎架構的現代化，譬如企業原來將資料部署在地端，我們把它搬上雲。第二部就是幫他的數據做匯流，因為它的數據可能四散各地，我們如何在合規（compliance）、安全以及隱私權的原則下，幫客戶把這些資料做匯流。

第三個部分就很重要了，就是我能不能透過這些資料找出價值，幫客戶做一些加值和差異化。

舉例來講，我們在 2021 年的時候，計程車業者台灣大車隊，在疫情下也受到一些影響，計程車的空轉率有將近 4 成。從會計或財務的角度來講，它其實就是成本的增加。那我們要如何降低空轉率？所以我們跟台灣大車隊合作開發了一個機器學習（machine learning）模組，可以幫司機準確預測未來 15 分鐘的乘車熱點。司機就可以根據這個熱點去降低他的空轉率，精準率高達 96%。

台灣第一家獲 Google 認證的 MSP

🔘 那就表示你們不只幫客戶上雲，你還會跟客戶一起看看，怎麼樣利用這些雲端數據，利用機器學習或是 AI 的方法，提供更好的服務給他們的客戶，是嗎？

⬛ 沒錯。這後面其實很重要的一個力量，就是我們常常講到的「數據就是未來的新石油、新能源」。以台灣大車隊這個例子來講，這次的服務系統整合了台灣大車隊過去 20 年、每年近 8,000 萬趟的乘車大數據，也加入了時間、地點、天氣等外部因素分析，這充分展現了數據的力量。

🎙 這個很有意思。我也聽說你們是 Google 在台灣第一家雲端託管服務供應商 MSP[1] 的夥伴。這個非常不容易，你們是怎麼樣讓 Google 認可為台灣的 MSP 夥伴？

🔹 MSP 是整個 Google Cloud 雲端夥伴生態系中的最高等級，它隱含幾個意義，第一是技術能力的肯定，我們的技術團隊都是經過 Google 認證的。第二是當大型企業客戶要進行數位升級時，通常會尋求 MSP 合作夥伴。對萬里雲而言，不只雲原生、數位原生公司龍頭是我們的客戶，現在包括金控、半導體產業界等知名企業，也都是我們的客戶。第三部分是我們有 24x7 的客戶支援，能協助和 Google 原廠的團隊直接對接。

🎙 這可能跟一般人想像的不太一樣，就是說如果你要把公司的部分數據放在 Google 的資料中心，並不是只靠 Google 就行了，你還必須有像萬里雲這種服務商，能夠來幫你做規劃、營運，甚至做分析。這真的是挺有意義的事業。

你白手起家，現在成為台灣第一個得到 Google 認證的 MSP 夥伴，這段歷程非常不容易，分享一下你遇到了什麼挑戰？是怎麼克服的？

🔹 挑戰還真的滿多的。公司成立的第一天，我們就決定了一個很重要的策略就是，既然是做雲，就必須取得客戶的信任，所以我們把資源都投入在

客戶端。這包括我們的技術訓練、能力、以及我們如何跟客戶接觸，創造機會。所以我們剛開始的時候，其實是在咖啡廳辦公，而把所有的錢都花在對工程師的培訓上，因為我們相信：當你有好的工程師、好的技術能力時，客戶就會相信你、信任你。<u>我們會在客戶樓下或附近的咖啡廳等待，去向客戶推銷，跟客戶創造見面的機會，所以我們當初就沒有自己的辦公室。</u>

CEO 只做 3+1 件重要的事

🌀 這個很有遠見，但也是挺大膽的行為。客戶都還沒有決定跟你們做生意，反正你們就等在客戶樓下的咖啡廳，然後期待哪一天，負責 IT 相關的同事能夠出現，然後你們主動去跟他 pitch（簡報），這好像比拉保險還要困難。

✱ 難度真的滿高的，一開始求才也遇到不少困難。當初我們在咖啡廳面試人選，很多人看到我們連辦公室都沒有，「什麼？在咖啡廳？」他們轉身就走，所以這段時期滿困難的。但這也延伸到一個公司重要的核心，萬里雲對人才的期待是什麼？其中的核心思想也必須很清楚：專業＝能

---

1 Managed Service Provider，託管服務供應商。萬里雲於 2020 年 11 月成為 Google Cloud MSP 的菁英合作夥伴，同時擁有 Machine Learning(機器學習)、Infrastructure(基礎架構)、Data Analytics(資料分析)及 Cloud Migration(雲端搬遷) 4 項專業認證。

力 × 工作態度 × 知識。其中，我們特別重視的工作態度，是有<u>高學習力</u><u>和韌性。</u>

🆁 因為不是所有的技術人才，都會認可這個想法。既然講到人才，我想萬里雲也經營了一段時間，以一個 CEO 來看，你覺得 CEO 本身要扮演的角色有哪些？

✿ 身為一個 CEO，我想我就做 3 件重要的事。第一個是「<u>資金</u>」，公司要永續發展，你必須要確保資金流的規劃。第二就是「<u>人才</u>」，公司一定要持續成長茁壯，所以人才相當重要。第三是「<u>目標</u>」，有時候稱為「舞臺」，人才願意進來，很重要的一點是為了能有更多的機會和舞臺。

這 3 個是我主要的工作內容。除此之外，我通常還會再多加一個，叫「3＋1」，這個「1」，就是「風險控管」。

🆁 先談談當初你在找人才或是找錢的時候，有沒有遇到什麼決策的關鍵點？

選才的 3 個條件

✿ 我先從人才的角度來看。我自己對人才的定義是「有高學習力」，當然「誠信」是一個很重要的根本，這裡先不談。我把學習力分成 3 個部分來形容，

第一，他是不是一個謙虛的人？如果你是一個謙虛的人，你才會願意分享你的知識。因為術業有專攻，也有先後，相對的，你的同儕也才願意去分享他的技術和知識給你，所以謙虛是非常非常重要的。

第二個是「真誠」。我們日常工作都會有很多問題要解決，當你願意展現真誠，你才會去了解事實，了解事實就是解決問題的第一步。

第三個非常非常重要，就是「膽識」。你有沒有這樣的膽識？因為我們多半是去面對沒有處理過的專案、技術或問題，你有沒有那個膽識去挑戰它？同時認知到除了達成目標之外，自己也會成長。

所以我在看人才，多半就是看這三個部分：第一，你是不是夠謙虛的人？第二，你是不是真誠的人？第三，你有沒有膽識？

🅹🆃 但你在面試人選的時候，怎麼去判斷這個人到底是不是謙虛、真誠、有膽識？

✲ 在面試人選的時候，我會去測試他對一些知識的回應，知道就說知道，不知道就說不知道。當問到他不懂或是沒有接觸過的知識，我會看他的反應，他是不是非常謙虛，或在語氣上面，是不是展現願意去學習、去傾聽這個問題的內容是什麼，或他可能的答案是什麼。所以我常常會透過一些

不同的壓力去測試面試者，對不知道的問題，他是不是能夠勇敢去面對。

🔵 而不是吹噓說自己很懂，但是其實他不懂？

🔘 對，我們在找尋的是適合團隊合作的人才，透過候選人的回答與反應，可以看出他的工作態度，這也可以作為是否能適應公司 DNA 的判斷之一。

🔵 這真的很不容易，因為大家都希望在面試官，尤其是 CEO 面前，一定要裝得很有自信，好像很懂；被問到不懂的事情時，敢承認說這個東西我沒有學過，我不知道，可是我會努力去學，這個其實需要勇氣，也需要你剛才所說的膽識。

🔘 曾經有這麼一個故事，一個面試官曾經在面試的時候，問人選說，請你算一下西雅圖總共有多少棟建築？多少個窗戶？面試官也不一定有正確答案，但他是要從這個過程中去了解面試者推估的邏輯是什麼。也就是說去測試這個人選對遇到沒有準備好的題目時，他以如何的態度應對。

🔵 就是看他是否能夠冷靜去分析，然後一步一步把東西推導出來，更重要的是遇到那些未知的問題時，是不是會去面對它，而不是就把整個頭腦關掉了。這其實是挺有意思的一個測試方式。

✹ 在這過程中，也可以去測試他的堅毅力（resilience），有時我把它翻成「逆境力」，因為在新創公司，許多事情都是未知的。

🌀 對，不怕難，不怕未知，這個非常重要。可是在人才的決策方面，你有沒有遇過真的讓你很苦惱的時候？比方說你真的覺得他技術很好，而且你很需要這個技術，可是他就是不符合你剛才講的那幾點。

✹ 我們確實碰過這樣的狀況。但是其實一個團隊最需要的並不是明星，而是每一個團隊的成員都是英雄。現在科技的發展已經到了非常快速的地步，其實一個人是沒有辦法擔當所有的責任，或是擅長所有的技術能力，這已經不太可行了，所以很需要團隊合作。有時候我會形容說，一個能力很好的人，但如果他的工作態度跟公司的文化不合，他其實就是個負分。

🌀 我們在很多場合都有討論到說團隊要更多樣化，也需要更有包容性，換句話說就是要去容忍或歡迎這些想法跟你不太一樣的人，因為這樣，你整個團隊才會更有創造力，而不是一言堂，或都想一樣的東西。那這個事情怎麼跟你剛才談到的團隊合作，來做一個平衡？

培訓員工勇於表達意見

✹ 我覺得這部分，其實是需要塑造一個很重要的公司文化，就是「通透」

（transparency）。你有你的觀點，就必須要公開講出來，而不是在會議後才講。但是我們也發現到，台灣員工可能因為我們所受的教育，通常比較含蓄，在會議室上不見得願意表達意見。

萬里雲採取的做法是，我們同時有在香港、新加坡、馬來西亞的同事，他們進到會議室是滿敢講的，我們就把大家放在一起，你不講，那你的意見就會被大家忽略；只要你講，大家就願意來討論你的意見的可行性。

(JT) 但這樣會不會造成，最後意見都被那些比較敢講的國外同事牽著走？

(※) 所以我們鼓勵台灣的同事，在會議室裡你必須要有貢獻，你並不是來「聽」一場會議，你是來「參與」一個會議。我舉個例子，我們前陣子去跟一個客戶接觸，雙方大概有差不多 7、8 位國外朋友，那是非常緊張的一場會議，我自己統計過，過程中在每一個關鍵點，每一個國外朋友發言過幾次。在每個時段、每個關鍵點，外商朋友都會提出他的見解，而且非常簡潔有力。我也把這段經歷跟同仁分享，鼓勵他們在會議中，不是去聽，而是去參與。

(JT) 所以你等於是循循善誘，用例子來鼓勵大家多發言？

(※) 對。我們每一週都會安排不同的課程，讓工程師來分享。我們並不是讓工

程師在會議室裡面講,而是讓他在一個公眾區域,像我們的茶水間,或是在我們的開放空間分享。在完全開放的空間,你不知道誰隨時會走進來,所以只要我有時間,也一定會坐在底下聽一聽。當我坐下去的時候,某種程度也是給工程師一些壓力。

🌀 這是非常有趣的操作,因為台灣學生確實在表達方面比較含蓄一點,所以怎麼樣慢慢的給他越來越多壓力,讓他在壓力之下也願意表達,這個訓練倒是挺重要的。

🌸 學習一定是伴隨壓力才會成長,所以我們在有關於分享的活動中,也會盡量鼓勵大家提問互動,而不是講師單方面分享,這樣可以增加更多的互動與張力。

伴隨目標而來的是風險

🌀 回到一開始你提到 CEO 的 3 個主要角色,人才、資金跟設目標,你剛才也提到 3+1,我對這個「1」特別感興趣,風險管控。是怎麼樣的契機,讓你認為 CEO 在風險管理上面,扮演很重要的角色?

🌸 公司最重要的成本之一,就是 CEO 的時間。如果你的風險控管得好,就可以有比較多的時間做前面的 3 個工作,就是找到好的資金、找到好的

人才，以及創造更好的舞臺以及目標。**但是如果風險控管不好，每天都在救火，你前面 3 件事也一定會搞砸。**所以風險控管這件事情，也在我的工作內容範疇中。雖然平常我不會掛在嘴上，但是在我自己的工作安排中，它是很重要的一環。

🔵 風險管理這個事情，就算很多大企業的 CEO 都沒有花足夠的時間去思考。我其實完全可以理解，尤其是對中小企業更是非常的難，因為你們每天光是救火，或是看身旁的那些急事，說真的，你 120％到 150％的心思就都在上面。**而管理風險這件事，是需要跳開來，站在 2 樓、3 樓來看現在整個局面，要有一個全局觀的視野，去想比較中長期的事。**你是怎麼樣讓自己創造一點空間或時間去想這件事情？

🔵 我常常告訴我的同事，包括我自己，做一個事業，你一定要有像望遠鏡或照相機一樣，zoom in 和 zoom out，鏡頭能夠伸出和縮回的能力。**所以我自己在每年 7 月份，大概會花 1 個月的時間去思考，過去我們為了這些目標和舞臺，它伴隨的風險有哪些？以及未來可能有哪些風險？同時也看公司未來一年半到兩年的時間，我們接下來應該要做哪些重大策略。**這是我每一年固定會在我們公司下半年整個重要計畫確定之後，就會開始去做的事。

🔵 所以等於把你公司的策略規劃跟風險管控這兩個事情，融合在一起思考？

🐾 是的，因為通常「目標」伴隨來的是「風險」。為了要達成業務目標，可能有時候會忽略一些事情，因而產生風險。當然這也可能跟我自己創業的經驗有關，因為我在幾次創業過程中，我都有自己的一個創業基地，那個基地是讓我能靜下來一段時間，去思考整個策略和布局的地方。

🆓 這個很有意思。大家在創業的過程裡面，都是在想偉大的目標跟計畫，很少有人會低著頭來看一下，到底未來可能有哪些「坑」？哪些風險？所以你等於是有一個自己的秘密基地，能夠來想這些事情。

🐾 對，過去我在創業初期比較常跑歐洲，所以我有一個自己很熟悉的空間，那時在比利時的布魯日，我可以待上很長的一段時間。現在身為 CEO，每天事情很多，所以我會在 7 月份的時候，不管是在台灣或是國外，保留一段時間給自己去思考。

風險管理：預見力、抵抗力、回復力

🆓 說到風險管理，我這邊也跟你分享一下，BCG 是怎麼幫客戶做這個事情。風險管理如果大概來分，我們會分 3 個層面。第 1 個層面，就是「預見的能力」，英文叫 signaling，意思就是你有沒有辦法比其他人更早洞察到未來的「坑」會在哪裡？

第 2 個，是當風險發生的時候，我們的<u>抵抗力</u>，就是說衝擊能不能壓到最小？

第 3 個，<u>回復力</u>。就是你今天遇到衝擊了，你能不能用很快的速度回到正常的軌道來？

簡單來講就是：<u>你有沒有辦法比別人更早預見風險？遇到事情之後，對你的衝擊力是不是更小？你是不是回復得比別人更快？</u>

現在問題來了，在所謂的預想的能力方面，怎麼樣可以比人家先看到風險？這裡面有很多常用的工具，我舉一項管理學院常用的「情境分析法」。當然每個公司遇到的情境都不太一樣。雖然你可能覺得，反正大家都會遇到，像疫情、地緣政治，不是大環境都一樣嗎？沒錯，但這些大環境對每個公司並不是都有一樣的影響。所以挺重要的一點就是，公司的 CEO 是不是能夠冷靜下來想一下，未來有哪些重要的變數，對自己是非常重要的。

比方說，<u>問自己</u>：經營公司最重要的 3 個變數是什麼？我舉例，像很多電子行業，很重要的一點就是今天自己會不會缺料？[2] 或像地緣政治導致的所謂供應鏈脫鉤 [3] 的現象，可能還有另外一點，就是疫情造成的營運中斷等等，你可以把可能會發生的變數，拉幾個出來，每一個變數都

有 2、3 個可能性，例如缺貨或不缺貨；有時 1 個變數會有 3 個或 4 個可能性，假設只有 3 個變數，每個變數都有 2 個可能性，那就是 2X2X2，8 個情境，這是非常機械化的做法沒錯，但其實我就發現，挺少公司的經營者真的有靜下心來想，<u>如果這 8 個情形發生的時候，我公司是不是準備好了？</u>

因為這跟日常的「救火」工作不一定有直接關係，就像你到了比利時，自己靜下來，拿個筆或白板畫一畫也好，或哪怕只憑頭腦思考也好，就是必須要靜下來。想這個事情有什麼好處？因為至少很多事情在你心裡已經盤算過了，有些事你甚至可以提前去準備。

比方說 8 個情境裡面，有 5 個情境都需要某個新的能力，這個能力是你沒有的。我舉個例子，像汽車行業，他們是第一次發現，原來少了幾個晶片，整台車就不用做了，不只是整台車不用做，我連工廠都營運不了，甚至連員工都必須做部分調整，有些甚至解雇了。他們從沒想過，一個小小的東西，會讓自己造成那麼大的衝擊。像這個事情，<u>如果他們平常有習慣去做情境分析的話，其實風險很大程度是可以避免的。</u>

---

2 本文訪談時間為 2022 年 4 月中，當時受疫情擴散、俄烏戰爭、物流塞港、半導體工業控制晶片產能不足等影響，原物料及晶片短缺衝擊各國許多行業。

3 當時受中國疫情封城及以地緣政治的影響，在中國的外商紛紛分散生產風險，建立至少兩套的生產供應鏈，以因應終端廠商的脫鉤要求。

再舉一個簡單的例子，該有存貨的料就是要有存貨，而不是像以前那種 Just in time [4]，追求零庫存的政策。這個其實就是預見的能力，你有沒有事先去盤算說，如果發生這個事情會怎樣？有的話你就可以提前準備。

第 2 個就是，今天遇到事情，能不能降低衝擊？比方說存貨，你本身有沒有存貨？如果有存貨，它的衝擊就會相對低一點；如果沒存貨，那你就麻煩了，你就要急著去追料。這個例子對萬里雲來講，不一定有直接的意義，因為你不是硬體提供商。但是同樣的道理，如果你今天有一個風險在那裡，你們有沒有去思考用什麼樣的方法，可以讓風險發生的那一天，你只受到很小的衝擊？這可能值得思考一下。

第 3 講到回復力。回復力是什麼概念？我再以硬體製造商的例子來講。不管你是汽車、手機、電腦製造商，如果你平常跟供應商關係良好，那有什麼好處？當今天你遇到衝擊，你就有可能比人家先拿到貨，你恢復就比別人快。

這一點，也是很多汽車品牌商這段時間以來最大的學習。他們以前太習慣把生產交給他們上游的最大供應商。至於這家供應商是怎麼弄到這些模組給品牌商的？車子這些子系統是怎麼做出來的？品牌商是不管的，反正 A 就負責這個系統，B 負責那個系統，怎麼做出來的我不管，你只要最後能夠交貨就行。

可是這次疫情發生後就出問題了，一但系統裡面某一個晶片缺貨，等到車商聽到消息的時候，都太晚了。這就是回復力一個很重要的做法之一，就是你有沒有辦法跟上游、上上游、或是最上游的供應廠，平常就保持一個好的關係？或者就是所謂的「生態圈」。你的手有沒有伸下來生態圈裡面？還是你就躲在旁邊，根本就沒有去參與？你跟生態圈的結合越緊密，很有可能你的回復就會越快。

🌸 JT 談的預見力、抵抗力和恢復力，我覺得非常有啟發！其實我自己看萬里雲，大概都是在做業務端的工作。但我現在也開始去要求公司一些重要幹部，最少要把一些時間拉出來，要培養預見的能力，同仁們應該要開始有一些洞察（insight）的能力。他可能不見得可以宏觀的看出一些事情的發展，但是對這個生態圈內的事情，他必須要知道。

至於抵抗的能力，是大家多半不會去想的，都是碰到了再來解決。雖然我沒有這種學理的訓練，但是我自己確實可能做到一部分了。我會去思考，碰到哪些事情，我們該如何因應，這會決定我接下來一年半到兩年左右的策略，我打算怎麼布局，我們該怎麼做。

第 3 個回復力，也是我常常對同仁們說的，保持這樣的心態，就像是鍛

---

4 由豐田（Toyota）於 1953 年起所建立的「及時生產法」（JIT），半世紀來擴展到全球製造業。主張「在有需求的時候，按所需的原料，生產所需的產品，並按需求量配送」，以減少庫存的「浪費」。

鍊肌肉一樣，隨時能準備好去面對挑戰。所以我覺得這 3 件事組合起來是一個很好的框架。

風險管理需要「另外的腦子」

🇯🇹 但我還是再強調，我覺得你是少數我聽到的，有在思考風險管控的中小型公司的 CEO，這非常不容易。你剛才提到一點，我想特別補充一下。你提到大家平常不一定會去思考抵抗力這件事，這是有原因的。因為<u>抵抗力這個事情，跟他們日常工作的 KPI 是相牴觸的。</u>

用剛才存貨的例子來講，很多時候我們叫「冗餘」（redundancy）。比方說飛機引擎，如果你有 2 顆，是不是抵抗力會比較強？可是你想，多 1 顆引擎，要不要錢？

🎆 會增加成本。

🇯🇹 這一定跟他的 KPI 相牴觸。員工很多被賦予的任務，是不允許他們去想冗餘，去想「浪費」的──明明 1 顆引擎就可以飛，你為什麼要 2 顆？所以這個事情是需要 CEO 特別關注的點，要嘛就是你應該把幹部帶到不是平常的環境裡面，跟大家一起腦力激盪，看看這個東西能怎麼做；或甚至你今天就設立一個特殊的團隊，整天在想風險的事情。你沒有辦法讓

管理風險——高韌性企業具有 3 大優勢

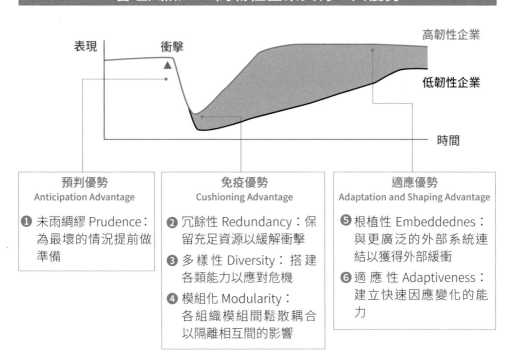

預判優勢 Anticipation Advantage	免疫優勢 Cushioning Advantage	適應優勢 Adaptation and Shaping Advantage
❶ 未雨綢繆 Prudence：為最壞的情況提前做準備	❷ 冗餘性 Redundancy：保留充足資源以緩解衝擊 ❸ 多樣性 Diversity：搭建各類能力以應對危機 ❹ 模組化 Modularity：各組織模組間鬆散耦合以隔離相互間的影響	❺ 根植性 Embeddednes：與更廣泛的外部系統連結以獲得外部緩衝 ❻ 適應性 Adaptiveness：建立快速因應變化的能力

在一線為你賺錢的員工去想這個，因為跟他的頭腦是牴觸的。所以風險管理需要用另外的腦子、另外的資源、另外的時間來做的原因就是這樣，跟平常在做的事情是挺不一樣的。

✹ 我想風險控管是企業成長非常重要的一環。如果我們可以把風險管理，或風險所要耗費的資源降到最低，或損失降到最低，我們才有時間可以看到，公司在目標和舞臺上面，如何更加快腳步進行。

🇯🇹 對，完全同意。最後一個小建議，讓大家可以先開始嘗試來做。比方說管理團隊一年只要一次時間，拉出 2、3 個小時，拉到公司外面去（off site），不要在辦公室裡面，因為辦公室代表什麼？就是救火的地方，你不要在火場談未來要怎麼樣不會起火，這個很難。那拉到別的地方幹嘛？比方說就做一個工作坊（workshop），這個 workshop 你可以自己做，也可以請外面的教授來提供一些想法，找幾個情境（scenario）來測試，這個情境我相信每個公司一定都想得出來，不會太難。比方說旅遊業，現在就很容易想像，如果又遇到一次疫情，你怎麼辦？我以萬里雲舉例，比方說，會不會因為疫情的影響，整個台灣就被封鎖（lockdown）了，不能出來了。這可能是一個情境，你們就可以討論一下，這個情境發生的話，對你們的衝擊是什麼？

情境不代表一定是負面的，也有可能是正面的。因為危機也有可能是轉機，關鍵就是你要放一個情境下來，大家再來討論，因為這就是一個重要準備。疫情發生了，大家不能出門，所以你不能服務客戶，會造成生意不好？還是因為疫情，上雲的需求反而暴增？對你們來講，雖然是有生意，但是你人才的數量會不會跟不上？就可以在這個情境之下，大家充分的討論。

所以，哪怕今天只是一年拉出來 2、3 個小時，抓幾個情境來討論，都是提升你們的風險管理的第一步。

⬤ 聽到這裡，我已經迫不及待想要去思考，如何把風險管理的觀念，開始帶給公司的重要幹部，或者甚至可能由不同腦袋的團隊去做。

🇯 講到不同腦袋，很重要的一點就是，偶爾也要帶入外部觀點。這個外部有可能包括我剛才提到的教授、專門研究風險管理的專家，有些時候就是你的客戶、或是你的上游夥伴。因為外部人的想法可能跟你們自己的團隊想法又不太一樣，有不同的刺激，才有辦法真正激發出一些不太一樣的情境，否則每次情境都是老闆想出來的，或是每天在救火看到的情境，大家就很難從那個圈圈跳出去。

⬤ 是，完全同意。

破關 Tips

- 劉永信認為 CEO 要做 3+1 件重要的事：資金、人才、目標或舞臺、風險管理。

- 萬里雲選才的 3 個條件：1. 有高學習力，他是不是一個謙虛的人？ 2. 是不是真誠的人？ 3. 有沒有膽識？

- 科技發展快速，一個人難以擔當所有責任，團隊合作益形重要。

- 塑造通透（transparency）的公司文化，有助於在創新與團隊合作中取得平衡。

- 學習一定是伴隨壓力才會成長；要求員工成長，可略施以壓力。

- 如果 CEO 風險控管不好，每天都在做救火的事，那麼資金、人才和目標 3 件事，也一定做不好。

- 管理風險是需要跳開來，站在 2 樓、3 樓來看整個局面。

- 做一個事業，一定要有 zoom in 和 zoom out 的能力。

- 通常「目標」伴隨而來的是「風險」。

- 風險管理 3 個層面：1. 預見力（signaling）：比別人更早預見風險； 2. 抵抗力：風險發生時，衝擊比別人小；3. 回復力：衝擊後，比別人更快回復。

- 可利用「情境分析法」訓練預見力。比如自問：經營公司最重要的 3 個變數是什麼？經過盤算，就可以預做準備。

- 風險管理需要用另外的腦子、另外的資源、另外的時間來做。

- 回復力很重要的做法之一，就是深入了解生態圈，與生態圈保持良好關係，緊密結合。

- 為建立抵抗力，可能包括需要「冗餘」，但這往往跟你給員工的 KPI 相牴觸，所以需要 CEO 特別關注。

- 討論風險，最好不要在辦公室裡，並且要找「不同腦袋」來參與，邀請專家、客戶、上下游夥伴，以加入外部觀點。

第 2 篇

你走哪條路？
起點到終點

轉型的起始點就是「基線」，指的是公司現在的狀態和位置。成功的轉型，都始於對自己誠實而嚴格的評估。從基線到目標這段旅程，如果不弄清楚需要努力縮小的差距有多長，那麼就無法訂定轉型計畫的性質、工作量和風險。這個階段最難的是，你或員工有沒有認清，如果公司以後還繼續只靠今天的商業模式，只靠現有的市場、現有的產品，那麼公司還能活多久？公司全員都需要有變革的意識。

賣服務 vs. 賣結果
商業模式如何轉型？

ALPHA Camp 是台灣第一所專門培養程式人才的線上學校，不只教人寫程式，也以人才成功為目標，建立技術能力以外，更側重思維與應用能力。同時建立了新創社群與業界的連結，幫助人才找到發揮的舞台，也幫助業界及新創團隊找到合適的人才。

在近年營收翻倍之際，ALPHA Camp 想要翻轉商業模式，希望從「賣服務」轉型為「賣結果」，達成企業使命。但是，在商業模式轉型時，如何有效調整營運模式，對公司的資源、資金與人力配置都是考驗。本章將深入探討這個課題。

對談人

郭又綺 Youchi

ALPHA Camp 營運長

成　　立／2014 年

創 辦 人／陳治平、郭又綺（兼學習總教練）

主要服務／培育數位人才的線上課程

成 績 單／◯ 2016 年拓展至新加坡，並與當地政府合作培育科技人才

　　　　　◯ 2021 年完成第一輪外部投資，由活水影響力投資領投，

　　　　　　　Hive Ventures 與行政院國發基金等注資

　　　　　◯ 校友畢業 3 個月內就職率 96 %；畢業 3 年平均薪資 106 萬；

　　　　　　　畢業 3 年薪資成長 146 %

　　　　　◯ 畢業校友創業成功案例：鮮乳坊、Yourator、Meet.jobs、

　　　　　　　財經 M 平方、AmazingTalker 等

JT ALPHA Camp 是台灣第一所專門培養數位人才為核心的線上學校，它不但是台灣科技人才培育的重要推手，也是不少台灣新創企業的搖籃。起初是以新加坡跟台灣為教學據點，從一開始的線下到 2017 年開始轉為線上，校友遍及全球的科技新創公司。而實際上 ALPHA Camp 不只提供程式設計線上課程，還協助學生轉職或創業。

這幾年台灣的線上教育產業蓬勃發展，ALPHA Camp 的定位是期許自己做一個影響力的新創，希望能夠推動台灣的人才發展跟產業發展。

主要做因為我們觀察到產業成長時，滿重要的循環是產業需要人才來滿足需要、解決問題跟成長，企業沒有人才就不能成長，企業不能成長時，人就沒有好的工作環境可以成長，兩邊就會互相成為一潭死水。所以當我們想要協助整個產業發展時，選擇從人才培育著手，並透過專注在軟體開發及數據人才領域，用新的科技幫助個人或企業升級。

過去在做人才培育時，比較專注在帶入行的第一步，譬如轉職或是創業。我們有滿多大家耳熟能詳的案例，像文組生也能轉職工程師，我自己有個很受感動的案例是讓鋼鐵廠的黑手，也能夠順利進入科技圈工作；另一個是婦女二度就業，因為掌握新技能、有比較彈性的工作選擇，對職業就有新的想像跟機會。

🄹🅃 等於是以前不知道怎麼寫程式的人，可以來你們這邊從零開始學習，學完以後，他不但會寫程式，還可以利用這項技能去找到新的工作。

🟠 這 1、2 年我們也開始關注中長期職涯的提升和發展，還有如何解決問題，這也是我覺得滿欣慰的地方，主要是因為不管是從校友、開發者、數據人才、或是同業夥伴傳來的訊息，我們都發現中階人才的「斷層」現象還滿嚴重的。也許 ALPHA Camp 能提供解方，為產業注入活水，讓新的初階人才能夠進入產業。

提升技術能力不等於解決人才問題

我也發現，新人才在成長時可能不一定有足夠的中階人才來帶他，又或者當新人才面臨到成長上的挑戰時，這個挑戰可能不只是技術能力，也可能是了解商業上的問題、運用技術工具及擴散影響力。我們這兩年不斷跟合作企業或校友一起嘗試幫助新人才和有工作經驗的工程師們，讓數位專才能夠升級。

🄹🅃 所以就是你們從以前只為不懂程式的學生開設的初級班，到現在有中級班甚至進階班，幫助已經會寫程式的學生，實際應用程式或技術能力，解決商業問題。

🔷 現在企業對人才的需求越來越多元、越來越動態情境，不僅需要能夠學習新技術、採用新工具等硬技術，還要有符合組織文化、跨團隊協作等軟技能。在這之上，還要真正有辦法將技術能力落地、解決組織需求。所以在未來的工作型態或是人才樣貌上來說，如果我們只提供單一維度的技術能力提升，那就只有解決一部分問題，因為它無助解決產業人才的問題，這是產業成長時面臨的瓶頸。

🔵 BCG 幫助很多企業數位轉型，深入企業時會發現，比較大的企業裡面也有所謂的數位人才、數據人才、寫程式的人才；但這群人跟業務單位是兩個獨立的團體，不太能有效協作。懂程式的通常不太知道在零售端管理存貨、倉儲、產品上下架背後的商業邏輯，而每天在一線負責業務的人，也不知道怎麼利用大數據來解決問題，所以這兩個團隊，在協作時就會碰到困難。如果 ALPHA Camp 能夠幫忙解決這個挑戰、提供企業目前缺乏的能力，讓程式工程師知道怎麼利用寫程式或是數據分析去解決商業問題，相信很多中小企業也一定會需要。

你剛才已經初步解釋說你們不只教技術，還教技術能力怎麼應用。在這之外，ALPHA Camp 跟其他線上課程平台還有什麼差異？

透過數據與科技 設計學習體驗

🦪 我覺得有這麼多的線上教育或知識內容出版是最重要的第一步，我們先達成知識擴散，讓學習的需求跟欲望被開啟；當第一步、比較上游的內容更普及後，我們就能接著下個階段。而我們想要創造的，一是更有效的能力鑑定、二是需要雙軌地把思維跟應用能力建立起來。

在有效建立能力時，如果是以技術能力為主題，除了要有好的講師內容，還希望能夠透過數據導向，或是行為科學的方式設計學習體驗。

我們過去是實體的實戰營，當時每班只有不到 100 人，就像是一個營隊，有很親密的感覺。就像蘋果剛崛起時，有種校園感，有新創的氛圍，它透過一個非常非常高接觸[1]的方式輔導並啟動人的改變。

但當我們希望把這樣的改變給予更多人時，發現除了這種途徑，很難掌握服務的一致性和品質。譬如說今天我們可能都是在現場相處一天 8 個小時，但是如果不是這樣的學習方式，我們的教法是不是容易吸收？個人的學習狀況如何？或者個人遇到的挑戰在哪？我們比較沒有辦法即時感受。而利用科技或數據，能夠幫助我們更好理解學習者的學習成效，

---

1 銷售模式可分為 3 種：無接觸（no-touch），如自助式服務、低接觸（low-touch），如一般交易型銷售、高接觸（high-touch），如顧問式銷售。

和過程中面臨到的問題，這也讓我們能改善課程設計。

ALPHA Camp 在 2017 年轉型線上，並打造自己的學習平台。有自己的學習平台之後，我們就能夠解構學習歷程，把可能需要半年的學習歷程解構成最小單位的模組，再透過平台上累積的學習資料來執行必要的優化。目前平台上已有上千萬筆字元的互動及學生的點擊和觀看模式數據。

例如，如果某個小考，70% 人都錯這一題，那我們就知道可能是某一段課程設計不好，讓知識無法有效被吸收。如果說 90% 都答對，那表示答錯的 10% 可能需要我們特別的協助。

在這之外，我們和別人最不一樣的是，怎樣透過數據跟科學導向的設計，去觀察、引導學習行為。這是筆滿大的投資，但也因此在過去這 3、5 年來，我們累積了滿好的洞察。以前是觀察怎樣的推力（nudge）能夠影響、引導購買行為；現在比較是看提供什麼樣、多少比例的誘因及刺激，也可以說是蘿蔔跟鞭子，讓學習者想要持續學習。

例如，在程式設計入門中有教到「迴圈 2」這個概念，當時有一項作業的答題正確率非常不好，我們就去找不同學生，理解填答狀況。發現這個情況就像是學英文時，學生可以從 ABCD 字母到學會單字 apple，但如果突然叫他寫一個句子，他就會覺得很難。因此我們需要再解構學習路徑，

就像要從 2 樓爬到 5 樓，就需要搭鷹架，讓學生能夠逐層往上。

同樣的，如果有些人很聰明、超前學習，那我們就會提供讓他可以試試身手的挑戰。換句話說，等於是在教材之外，幫每個學習者提供客製化的歷程。如果學生很聰明，他也不需要依照一、二、三學下去，而可以直接跳到三或四。是有一定程度的客製化沒錯，不過這比較像是我們透過這麼多學生累積出來的數據，找到一個分類模式。例如在特定階段，可能會有 2、3 種場景，而我們可以做些調整，達成客製化。

🔵 雖然不是 100% 客製，但已經是很大的不同了。大部分學習的歷程都是初級班後上中級班，再來高級班，每種課程內容都長得一樣。而你們就算是初級班，每一個學生對某些地方的反應可能不太一樣，所以可以在初級班內再做些小變化，以達到最好的學習體驗。

✳ 之前我們也是這樣齊頭式的開始和結束，成果看似被滿足，但究竟學生有沒有養成這個能力，其實是個問號。我們很希望學生最後能夠找到理想中的工作、或是在科技產業應用他的技能。所以透過這種機制，讓我們比較能判斷學生的能力是否有建立起來。

---

2 Loop，電腦科學運算用語，是一種常見的控制流程，可依指定的條件或次數重複執行一段程式。

🅙 聽說你們完課率挺高的，因為很多人上線上課程，其實都學到一半。我也學過線上課程，對自己不是很有天分的課，上一半覺得很難，就很容易會放棄。 ALPHA Camp 高完課率背後的原因是什麼？

🅐 我們在課程設計上做了很細緻的模組化，我們不希望大家認為只要付費報名上課就能無條件升級或畢業。在過程中， ALPHA Camp 不希望只透過挑戰就能讓學生通過評量門檻，所以其中有很多不同的輔導，像是助教、線上工作坊。而我們有緊密的社群，讓在同一個階段的人，遇到問題時可以適當交流，把實體在校園的互動複製到線上，打破線上學習很孤單、或很線性無法交流的窘境。

其實初期課程的完課率相對較低，大概 50%。因為我們在課程中有過濾機制，讓學生知道自己是不是真的有興趣；如果沒有興趣，其實不需要勉強。這是一個不錯的回饋機制，因為如果志不在此，這就不是我最卓越的競爭優勢，不需要過度投資。而一旦完成第一階段，後續的課程，我們稱之為學期，它的完課率都在 70 到 90% 區間。這是因為我們能讓適合的學生，或者是讓很投入的學生，能和志同道合的人一起往前。

讓社群成為網狀的學習生態

🅙 聽說你們的學生社群不一定是全職員工主持，也有一些是畢業的學長學

姐回來幫忙。

✹ 社群是個很有趣的主題，我們在這 1、2 年針對社群有一個非常方向性上的調整。我們把社群定位成「能力」，而不是「功能」。功能的意思像是因為買了課程而獲得參與特定社群的權利，讓你能認識這些朋友。如果社群是我們課程的「功能」，我們做為教學單位，就要比較服務導向地提供跟社群相關的活動或體驗。這樣的互動還是「我提供讓你來參與」的方式。

但後來發現其實社群是一個網狀的關係，貫穿了整個 ALPHA Camp 本身、以及學習者、助教、講師或是以前的學習者。如何啟動這個關係及能量，需要社群自發性的行動。如果是單純透過給的方式，也就是透過 ALPHA Camp 當作中間點去向外給予時，它就是一個一個單點，但也許我最多只能給到 10 個點，而無法成為一個網。

所以我們最近的方法是有越來越多「社群大使」，這些人不是因為買課而成為大使，也不是因為考試成績好，而是自發的。這些大使會自己組織許多交流，像是轉職或晨間自修。晨間自修組很有趣，為了能夠提醒自己、互相勉勵以提升效率和生產性，有一群人早上 6 點到 8 點聚在一起，營造一個晨間自習室。為了能夠累積這些能量，一些已經畢業、或是有經驗的學長學姐也會時常回來分享在學習完畢後遇到什麼樣的應用情境，

同時反思過去在學習過程中應該注意的事。這些交流，對於希望能夠透過學習去改變職涯，或是成為不同人才的人，是很有價值的。

🔵 所以你們不只是單純的提供知識，而是變成一個平台，讓人可以在上面互通有無。但是這些已經畢業的學長姐，為什麼會回來在這個平台幫助後輩，這自發性後面的原因是什麼？

🟤 有一種人很明顯，他是延續想要學習的初衷，當他回來交流時就會有輸出，無論是輸出過去抽象化學習到的東西或是方法，都能夠幫學習者更深一層地提升。表面上這看起來好像是幫助學弟妹，但其實很多是更內化、強化他自己本身的學習，也就是所謂「教學相長」。

從「賣服務」到「賣結果」

🔵 你們 2017 年從線下變成線上，到現在提供客製化的學習歷程和長期的能力提升，這段時間我相信你們的進化很大，有沒有遇到什麼讓你印象深刻的挑戰，又是如何克服的？

🟤 一開始最大的挑戰是轉型線上時，在課程體驗或是互動上，是全然不同的設計。原本在實體課程中，在前期會設計一個高難度的挑戰，目的就是要營造出緊張、備戰的氛圍，讓人覺得刺激、有動力去奮鬥，完成任務。

我們原本在設計線上課程時也採取同樣做法,結果哀鴻遍野。因為這種緊張、備戰的氛圍,無法透過人機介面的單維關係創造出來。如果我要延續這種動力,線上的互動方式要跟線下很不一樣。所以我們在打造線上課程時,不管是課程編排或是作業跟驗收的挑戰上,都做了非常非常多的調整。以寫迴圈為例,如果他寫不出來,我可能就需要多架幾層鷹架,讓他能夠爬上去。這樣讓學生從不會到會的引導,其實是後來慢慢演變出來的作法。

但我們後來又發現,這樣的教法就像對幼稚園或小學生,你要能夠很友善的引導,讓他充滿信心才能往前走。可是我們想要培養的是人才,而人才除了要技術能力,還需要有主動定義問題、解決問題的能力。所以如果他已經是大學生或研究生,而我還是用同樣的方式,其實就會讓學生產生不實際的期待與依賴,因為他可能誤以為他一直能獲得輔導,總會有人告訴他接下來該怎麼做。所以我們也做了引導方式的轉型,怎麼樣針對不同階段的人,設計最適合的學習期待跟體驗,才不會剝奪學生建立能力的機會。

🅙 剛才提到從線下轉線上的挑戰,以及類似從初級班、中級班到高級班的挑戰。這些你已經大致釐清,也找到一條路,而你現在還是有些困惑嗎?

✸ 我們的目標是清楚的,也有很多的方法論和工具正一個個被建立起來,但

我覺得在商業模式上還是有滿大的掙扎。

我們現在陷入的兩難與挑戰是，我要如何讓團隊更專注在「養成企業需要的人才」，而不是「去服務或滿足學生學習的體驗」。而挑戰是因為我們的營利模式，是個以學費為主的收費模式，也就是說學生只要付費，就能夠上課；而新模式的關卡就會是學生必須通過某些條件才能夠上課，但在大部分的情況，學生還是付費者，是我們的顧客和我們提供服務的對象。教與學其實是兩邊互相的結果，如果我要的是「學習成果」，那我到底是要「把教學的服務做好」，還是要「能夠激發學生的學習行為」，這是個很細緻的平衡。

當我以學費導向時，學生和學費就是我主要的成長來源。我有開心、滿意的顧客，他們會持續購買課程，讓我的收入增加。這幾年收入成長很不錯，但是我逐漸觀察到，我們好像慢慢要去滿足很多顧客的期望。譬如說現在市場上以內容出版為導向的課程，在製作上都有很高的要求，這是產品差異化上的一個關鍵。在客戶滿意度的情境，提升製作品質可能會變成我們不得不投資的事情；但在我們的情境裡面，它跟學習結果不一定是最重要的歸因。當這項投資和學習成果沒有直接相關時，就會讓我變得躊躇。

我們內部一直在思考，如何調整商業模式及收費模式，讓我們和人才的

成果一致，讓我們能因為提供好的人才與成果受到獎勵，也能讓我們在
這面向的投入和投資更加完整，這是我想要請教的地方。

「價值主張」牽動「營運模型」改變

🔵 我用學高爾夫來比喻。你們本來的模式是說，上 10 堂高爾夫球課，收費
1 萬元。但上完 10 堂課，並不代表真的會打。而你們現在希望能變「成
果導向」，比方學生可以打到低於 90 或 85 桿，我才跟學生收多少錢。

如果是學費導向，學生就會講求體驗，像是球場或球桿的好壞，但這不
代表他因此更會打。而對 ALPHA Camp 來講，你們的長期優勢和想要追
求的其實是結果，所以希望能夠在商業模式上轉成結果導向，而不是只
有收費，所有提供的價值跟課程設計，都會以最後的結果來評斷。

🔴 沒錯，我們想要創造的是「結果」，這也是一直以來很清楚的方向。選擇
透過學費收費，是因為在初期時，我們認為這是確認方法是否有效的最
好途徑，如果我們能夠讓學習者持續付費，就表示這是有效的。但是當
我們在產品流程上或授課管道越來越大時，我們開始發現它其實和成果
的相關性沒有這麼高。

🔵 這就是商業模式的進化跟改變。就我們的經驗，商業模式改變，在各行

各業都會發生。先舉一個沒有那麼直接但挺有趣的例子：有名的奇異公司（GE）是一家賣飛行引擎的公司，它以前是一個一個賣的，賣出去之後，可能會有一些維修服務，但不一定是他自己賺，而是外包給其他廠商。奇異後來做了一個嘗試，把他們的收費機制變成以飛航里程數來計算要收多少錢。

商業模式的改變不只是收費問題，而是在於你未來提供價值的方式，可能會改變。

因為當你賣一個引擎出去，之後就不管的話，一是後續的維修服務你不一定賺得到；二是，其實對你而言，當下引擎能不能通過驗收，是最重要的。

但如果是以里程計費時，在價值提供、營運模式上就會有很大的變化。因為你變成一個里程數向航空公司收一個單位的錢，這表示引擎撐越久對奇異越有利，公司就會開始去思考，引擎到底要怎麼製造才可以撐得久？所以後來，奇異進化的方法是在引擎裡放幾千個感應器，隨時掌控狀況。從 A 點飛到 B 點時，一旦數值出現問題，工程師馬上就會修繕；而如果像以前只是賣單個引擎出去，其實是不會管這麼多的。

這種商業模式的改變通常會牽涉到兩個大的改變。一個是價值主張的改

變，像到底是賣課程還是賣結果。另外一個就是為了提供這項價值，在營運模型上的改變，也就是說商業模式的改變會讓你的「價值主張」和「營運模型」都產生變化。用這個邏輯來看，你本來是希望「賣課程」，從追求完課率或客戶滿意度，到現在想要「賣結果」，那就要有個結果指標，當然也有可能是客戶滿意度，但這個客戶就會從原本的「學生」，轉變成「雇主」。

利用不同的角度來突破

舉個相似的例子，日本 RIZAP [3] 公司的業務是幫助人減重。以前的減重可能就是提供一連串課程，然後跟顧客說要做哪種運動、上哪種課程，並照課程收費，卻並不保證減重成功。但 RIZAP 是結果導向的，思考就有所不同，他會思考到底是什麼東西影響體重，有可能是吃、在什麼時候吃？這些因素有時比有沒有運動還重要。

當你看的點不一樣時，你的營運模型可能就會不一樣。如果你只是提供線上課程，那當然就是要集中精神在課程上，把內容做得很充實、影音做得很生動、線上用戶的體驗很好，但這些不一定會導致產出。如果反過來想要講結果，就要定義什麼是結果。如果把結果定義成「未來雇主

---

3 來自日本的私人健身中心，全球會員突破 17 萬人，分店數超過 130 家。

聘用學生的滿意度」，那就要再去思考雇主的滿意度是<u>根據什麼，之後</u><u>從裡面解構，思考自己該怎麼去應對、配合。</u>

🏵 我對這點很有共鳴。像如果我們定義人才能夠到他適合的工作上發展，而雇主能夠有一個滿意的人才順利上班，不會因為 3 個月之內適應不良又要換人。<u>把「3 到 6 個月的表現」定義為成功時，人才具備必備能力是其</u><u>一軌，而找到適合的企業，是另外一軌。</u>然後<u>我是否能夠讓人才勝任愉</u><u>快，我是否持續在流程中貢獻</u>，<u>而不是幫人才找到工作後就停下來。</u>過去很多學生是跨領域背景但想要進入科技產業，所以如何在應用面這一端協助他，可能也是我們能做的。但是剛剛提到的第二軌、第三軌，可能還有很多其他的，是沒有被反映在目前的收費模式裡，也因此會影響到我們內部資源的配置。我要去思考我的核心競爭力究竟是課程產製？是節目內容設計？還是了解職場趨勢對能力的要求，以及對應人才的適合程度。

🆁 其實現在許多公司都利用角度的不同來突破。比方說你本來因為是提供課程，客戶是學生，<u>之後要變成結果導向，客戶就會變成雇主。</u>

其實從雇主的角度來看，很有可能未來 ALPHA Camp，除了程式之外，幾個重要的技能，像溝通協調能力、業務理解能力，甚至在你的社群裡面有些是零售、科技製造或金融群，這些都是可以運用的點。

以商模創新 (BMI) 解決策略問題

目標	環境	案例	
適應	❶ 價值主張減弱	紐約時報	改變收入 / 交付模式
	❷ 破壞性事件	邦諾書店 (Barnes & Noble)	回應亞馬遜書店興起
	❸ 效益下降	ZARA	整合供應鏈以實現「快時尚」
	❹ 差異化和商品化減弱	陶氏化學 (Dow Corning)	價格更低的新品牌
成長	❺ 未滿足的客戶需求	奇異(GE)	滿足與產品相關需求的服務
	❻ 瞄準新客戶	嘉信理財 (Charles Schwab)	多管道服務中產階級
	❼ 瞄準新的區域市場	聯合利華 (Unilever)	透過進入新興國家市場而成長
	❽ 未利用的資產或能力	IKEA	透過開發購物中心來利用周邊的土地價值
	❾ 相鄰的利潤池	Apple	銷售內容，而不僅僅是硬體

假如社群要改變，課程服務也要改變，你可能也要教導溝通協調的職場能力，例如有堂課限制學生只能用程式的知識，但是不能寫任何程式，那麼他就是要以產品經理的身分帶著同學寫程式來解決問題。你從結果出發，就要反過來逆算到底什麼是結果，結果到底要解構成什麼樣的新技能？這些新的技能，哪些是你本來有的，哪些你本來沒有；而有些東西也不一定要全部自己教，也可以利用社群的力量等等。

這就是營運模型的改變，而這個改變就是來自「價值主張」的不同。另外剛剛提到的收費模式（revenue model），是在價值主張下的一個分項。價值主張就是「你要提供什麼東西給誰，怎麼收費」，就是這 3 個事情。以 ALPHA Camp 的例子就是「提供課程服務加上社群服務給某些標的雇主」。

收費的部分比較麻煩。以剛才減重、高爾夫球的例子，讓你打到 85 桿或 84 桿收多少錢，這樣的方式比較簡單，也比較容易想像。但你現在提供數位人才，你的收費會跟獵人頭公司很像。就是你跟雇主說好，假設介紹一個人才成功，就收人才 3 個月的薪水，如果月薪 5 萬元，那只要介紹一個成功就可以取得 15 萬元。但這個「成功」的定義是「人才要能夠讓雇主在 1 年內是滿意的」。也許你們的收費模式會發生巨大的改變。

✳ 沒錯。

JT 營運模型，就是公司內部到底用什麼樣的方法來運作，以支持價值主張，這一定要通盤考慮。假設你以產出的成果收費，把一整套邏輯想清楚的話，會是很好的開始。

✳ 我覺得剛剛談的有個點真的是命中，新創的痛，就是它會影響營運模型時，也會影響到資源部署。我們在資源運用上，其實沒有這麼多空間。

我們轉型線上時，當時因為業務模式比較單純，所以可以先完全暫停實體做法，然後百分百專心開發線上模式。可是現在有滿多既有學生已經被引流進來，也帶來滿顯著的收入，不像以前的嘗試成本比較低，容易打掉重練。但是如果我們在改變上不夠強烈，可能無法引起組織全體聚焦改變，甚至讓改變流於形式。

概念上面大家都理解，但是我還是容易被既有的營運或既有的付費客戶牽著走。如果我非常強烈地推進，可能還會有其他考驗，比如現金流及既有團隊的調度。就像很多產業需要數位轉型，也是因為需求或是組織要做的事情有改變，所以人才會需要轉型。

這方面有什麼樣的選擇？或者我們的判斷基礎該是如何？當然我們可以先從小規模試試看往前跑。不過我自己覺得離開顧問的角色時[4]，自己的問題反而比較看不清楚。

🔵 應該說因為你都在第一線、在火場上，然後要去設計未來，要找到最有效率的解法，是很難的，因為你眼前都是火，而你想做的就是要先把它撲滅。

---

4 郭又綺曾任職 BCG 十多年，擔任大中華區消費者洞察智庫負責人。

時間與現金是最難切割的資源

但你提到的真的永遠是個兩難，而且不是只有新創，大公司也一樣。當你有個新事業跑出來，或是你有一個很好的商業想法，需要天翻地覆的改變，但你本來的核心事業是每天幫你印鈔票的，如果你全力去搞新的，也不能放著核心事業不管，有些時候這兩個東西是有衝突的，就算事業本身不一定有衝突，可是資源一定有衝突，如何管理，確實沒有一個最好的答案。

現在能做的就是簡單的區隔。先做測試是對的，比方先從零售業的數據人才來測試，然後只以成果收費，但是原本的事業還是持續進行。或是用另外一個角度來講，你本來的收費對象是學生，而新的收費對象是企業，這兩個面向就有一定的切割，收費模式會有一定的獨立性。

但永遠沒有辦法切割的是你的時間跟現金，而這個沒辦法，就會是零和遊戲[5]。

我們看過直接切換（hot switch）而成功的案例，但大部分都很痛苦，而且失敗機率不低，所以建議你不要直接切換。有一個成功的例子，大家都知道康寧（Corning）很早之前是賣瓷器，後來轉型做手機面板的玻璃機板，非常成功。但是這不太容易，建議最好還是用一個事業組合

商業模式創新的 8 大成功要素

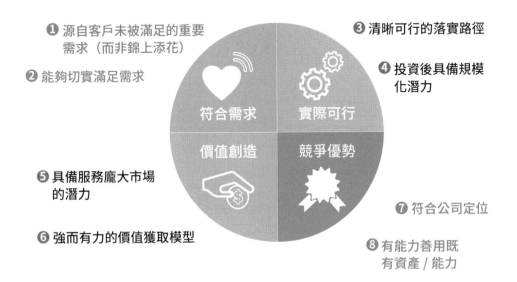

❶ 源自客戶未被滿足的重要
　需求（而非錦上添花）

❷ 能夠切實滿足需求

❸ 清晰可行的落實路徑

❹ 投資後具備規模
　化潛力

符合需求　實際可行

價值創造　競爭優勢

❺ 具備服務龐大市場
　的潛力

❻ 強而有力的價值獲取模型

❼ 符合公司定位

❽ 有能力善用既
　有資產 / 能力

（portfolio）的觀念，再運用「BCG 矩陣」[6]，就是你們公司裡面有「金牛」
（Cash Cows）提供穩定收益，然後也有「問題兒」（Question Mark）。

5　又稱零和賽局，指所有賽局方的利益之和為零或一個常數，即一方有所得，其他方必有所失。
6　請參閱本書第 1 章 Pinkoi 案例討論。

最好的方式是用「金牛」轉出來的錢去養「問題兒」，讓「問題兒」未來可以變「明星」，至於事業組合的比例，每個行業和公司狀況確實不一樣。但至少經營者要能覺察，新事業肯定需要大量投資，要不然很難成長。不能完全用算盤來看新事業，像你們的新事業要投資 2 到 3 年才可能看到成果，那你不能這時候又戴起財務長的帽子，每一季去檢討為什麼新事業一直沒賺錢。

🔳 有時候不小心，還會把新事業拿來跟既有的事業相比，就會覺得這東西只占一小部分，不如我們把原本的做好後再改變；但這可能就會養成一個惰性，因為有時候人其實滿害怕改變的。我們從去年開始一直很想改變，但如果我用一個「優化」的角度時，就容易產生取巧的心態。因為我還是用整體營收的角度來衡量，就會覺得我沒有獲利，這樣新事業就不會成長。

所以我們這一次硬逼自己，做長遠的 5 年計畫，把期待、方向拉出來之後，才能夠去解構接下來 3 個月需要做到什麼程度，設下一個里程碑。譬如我有 5 個客戶給我意向書，我就知道真的有這個需求，然後也就有動力可以往前走。

管理商業模式創新流程

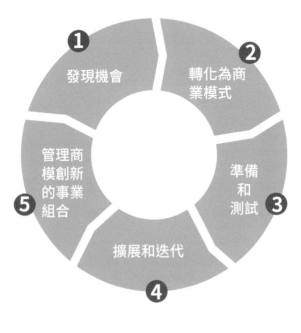

1 發現機會

2 轉化為商業模式

3 準備和測試

4 擴展和迭代

5 管理商模創新的事業組合

「連續」商模創新者：

許多成功的公司隨著時間推移不斷創新其商業模式

例 Google・IBM・殼牌石油・維京集團・奇異集團

新舊事業的 KPI 要不同

🔵 我簡單講幾個我們過去的秘訣給你參考。

第一個是領導者一定要有強烈的意志，一定要堅持，來確保新事業成功，因為新事業不會馬上成功。

第二個就是新舊事業的 KPI 一定要不一樣。你不能用利潤去看新事業，要不然肯定不容易做起來。當然還有其他要素，像人才就是其中一塊。

像你們慢慢有規模，很重要一點就是要讓人才覺得就算在新事業無法獲利，就算幫公司做一個會燒錢的事業，還是會得到公司給我該有的獎金、禮遇，這件事非常重要。不然的話你就會發現厲害的人沒有人想去做新事業，畢竟風險那麼大，對人才有什麼好處？這件事經營者不一定會懂，但對人才而言是很敏感的。

然後事業組合資源上的不匹配，就是說你一定要投資比較多在新事業上，你在資源分配上面要有一定力度。

🔴 聊到 KPI 跟人才，我自己也踩過這個雷。在 KPI 方面，我需要不斷提醒自己去找到領先指標。因為如果是落後指標，永遠就是一翻兩瞪眼，沒

有做到或是做得不夠好，而領先指標是非常需要花時間去定義的。

領先指標，也會影響到參與新事業的團隊成員的成就感。我這兩年嘗試新事業時，把在既有事業表現非常好、具有高潛力的人才拉進來，後來發現他的體驗非常糟糕。因為過去他做的東西只會持續優化、越來越好，但來到新事業時，做什麼錯什麼，什麼都表現不好，人才突然從一個高績效人員變成低績效人員，結果他很不開心，我也覺得很卡。

🔵 尤其因為你是老闆，會有這個感受。公司裡面最能冒險的是老闆。對員工來講冒險所得到的回饋是不對等的，因為他沒有股票，而他對自己的評價不一定會轉換成獎金，一定是來自結果，最容易的指標就是營收。他對自己工作的想法也許是：我幫公司失敗、吃苦、去跟很多新客戶低頭，每天被罵到臭頭，這些事需要很多努力，但老闆很難看得到。大公司沒有人想去做新事業，最主要的原因就是這個，畢竟誰都希望自己是公司最大的營收來源。

🌑 我以前以為這只會發生在大公司，但後來我發現新創也會面臨這種狀況，只要你有相對成熟、表現比較好的業務，就會創造一種相對優勢跟相對弱勢的狀況，我也常提醒自己這件事。

從商模創新成功案例歸納出的 10 種原型

源自價值主張

① 產品體驗
通過創新和整合客戶體驗
增加價值
例 Apple · 樂高 ·
勞斯萊斯

② 永續溢價
基於社會正向影響力的價
值主張
例 海尼根 · ECOALF ·
H&M

③ 整合生態系
搭建平台，打造競爭優勢
例 阿里巴巴 · Ebay

④ 數位化優化產品
透過數位化優化公司產品
例 Meta · IG · docomo

源自營運模式

⑤ 跨領域綜效
利用能力或綜效
進入其他產業
例 亞馬遜 · Google ·
奇異

⑥ 輕資產
從第三方擁有的
資產中獲取回報
例 Uber · Nike ·
百事可樂

⑦ 相同成本，無限服務
利用數位能力觸及更廣
的消費者族群
例 Netflix · Spotify ·
liveops

⑧ 低成本
降低成本以吸引更多需求
例 澳洲航空 · Uniqlo ·
塔塔集團

⑨ 直接面向客戶
繞過傳統銷售管道
直接銷售給消費者
例 雀巢 · 聯合利華 · P&G

⑩ 後端整合
整合供應鏈作為
競爭優勢的來源
例 Zara · 三星 · HP

商業模式創新 (BMI) 成功案例有 2 大共同目標：
創造股東價值與社會正向影響力

破關 Tips

- 社群是一個網狀的關係，需要社群自發性的行動，啟動關係及能量。

- 改變商業模式，「價值主張」和「營運模型」都會跟著改變，也會影響資源部署。

- 價值主張就是「你要提供什麼東西給誰，怎麼收費」。營運模型就是「公司內部到底用什麼樣的方法來運作，以支持價值主張」，這需要通盤考慮。

- 以終為始，從結果出發，就要先定義什麼是結果，如何衡量結果，以及需要哪些新技能。

- 領導者一定要堅持強烈的意志，才能確保新事業成功，因為新事業不會馬上成功。

- 新舊商模直接切換，失敗機率高，最好用「事業組合」的觀念和「BCG 矩陣」的做法，漸次切換。

- 新事業一定需要大量投資，資源分配要有一定力度，不然很難成長。

- 不能完全用算盤來看新事業。

- 不要把新事業拿來跟既有的事業相比。新舊事業的 KPI 一定要不一樣。

經營國際化企業，
員工都要說英語不可嗎？

Amazing Talker 是一家以台灣為基地的線上語言家教媒合平台，共同創辦人趙捷平在兩度創業失敗後，於 2016 年創立。服務主要以外語學習為主，英文占 60%，還包括其他 120 多種教學課程，註冊會員逾 200 萬，線上教師 1 萬 2 千多位。主力市場在台灣，其次為日本跟南韓，並逐步擴及西班牙、法國、德國等歐洲及美國移民者市場。

跨國平台的商業模式，註定 AmazingTalker 本質就是一家國際企業，目前有 2 成外籍員工。但執行長趙捷平卻在人才管理上跌跌撞撞，2022 年開始推動內部以英文溝通，正在經歷轉型的陣痛期。但經營國際化企業，員工都要說英文不可嗎？犧牲效率也值得嗎？

對談人

趙捷平
Abner

Amazing Talker 執行長

Profile： Amazing Talker

成　　立／2016 年

創 辦 人／趙捷平、徐靖婷（營運長）

主要服務／線上 1 對 1 語言學習家教平台

成 績 單／○ 台、港兩地線上語言家教媒合的龍頭

　　　　　○ 進入國際市場包括：台灣、日本、南韓、法國、西班牙、美國等

　　　　　○ 註冊會員：200 萬人以上（2023.03）

🔘 我知道 Amazing Talker 也有推美國市場，美國人應該不太需要學英文吧？

✳️ 其實美國有非常多的移民，他們光移民的人數可能就比台灣人還多。

🔘 所以有可能是比方說西班牙人在美國，他想要學英文，他就上你們的平台，然後找一個會講西班牙語的英文家教來教他，是嗎？

✳️ 他們會有這樣的輔助需求，當然也有滿多人是直接挑戰母語者，他可以自己選擇。

🔘 所以看來這個平台確實是必須國際化，尤其未來要成長，不可能永遠在台灣或是香港，因為有太多市場需要的不只是英文。

✳️ 沒錯。

🔘 我也大概理解你們是 2016 年成立到現在，但真正起飛是 2018 年？

✳️ 對，我們 2016 年到 2018 年其實一直在探索期，因為我們在找一個量體比較大、消費力比較強的 TA（Target Audience, 目標受眾）。經過 2 年探索，在 2018 年才找到，然後就在這群 TA 做了一系列的轉換率的優化，2018 年才正式進入成長期。

這是我第 3 次創業，以前也都是做平台，第一次創業敗在產品做太久，然後汲取教訓，第二次就做很快，1 個月就上線，但是沒做好使用者研究，市場需求沒確定，導致雖然有營收，可是規模經濟很小，兩次都收掉了之後再去進修，然後才做得比較好。

🟡 你們一路上成長到百萬用戶，其實是非常不容易，我相信一定有很多地方做對了，請你簡單分享你過去這幾年的心得？

成長最大的痛點在「人」的問題

🔴 我們從創業開始，在技能上譬如說不會做 marketing，就學習，不會做設計，就學習。但其實一直以來最痛苦的都是「人」的問題。因為我們每一年都會遇到很大的人的衝突，或者是意見不合或者是理念不合。所以我們從 2016 年不斷的克服這件事情，然後推進。坦白講，在 2020 年之前，我們的人事組織一直處在比較混亂的狀態，原因是我們的推進方向其實沒有很一致，譬如說我想去一個地方，同事會有其他不同的方向跟想法。直到 2020 年我們定調了我們的人事組織、公司文化之後，這個問題才有了大幅改善。

2018 年的成長，其實仰賴的是創造出比較好的轉換率，但真正的成長其實是 2020 年。

（JT）2020 年做了什麼樣的變化？

（※）2020 年<u>我們定調公司想要什麼樣的人格特質</u>，因為我們發現，做事情其實很難有對錯，很多時候因為想法不一致，就很容易有衝突，沒有對錯的狀況下，討論就不會有結果，最後氣氛就不太好。這件事情如果一直累積下去，員工工作會很疲乏。於是 2020 年之後，我們就開始定調說，好，那我們要用什麼樣的溝通方式，譬如說協作方式是什麼樣，我們要訂出來。然後我們每一個人，我們想要有的人格特質是什麼？我們要對事不對人……這一些東西也要訂出來。還有就是協作方式怎麼樣可以對標同一個目標，然後導入 OKR [1]。這一些都訂完了之後，我們發現說，如果員工都是對的人，目標也是一致的，我們就會聚焦在溝通方案的脈絡跟結果，哪一個可以達到目標；而不是像過去用很主觀的想法來爭論。這個問題完全被改善了之後，我們的前進速度就變得更快。

（JT）所以有點像把你希望的公司文化跟人才的人格特質，明確的把它表達出來，比方說用白紙黑字寫出來，讓大家知道說這個就是我們 Amazing Talker 要的人才，我們大家工作的方式、大家的價值觀。然後至少讓每一個人知道說，原來這個東西跟老闆你在想的，我哪些地方可能做的不太一樣，或是做得不夠好。

（※）對，就有一把共同的尺。

🕐 原來如此。一但訂出來之後，大家就更知道公司認可的價值觀是什麼，該怎麼去行為表現，然後來貢獻公司。

✹ 對。

價值觀一致　產值自然提升

🕐 所以最後這個效應就體現在我們的業績上面是嗎？

✹ 對，然後它還體現在每一個人的平均產值上面。因為我們會從招募流程去檢視我們的面試者，是不是符合這個條件；進公司之後，我們會在新人培訓時確認他有吸收到這些內容，並且可以實踐。再來就是在工作投入的時候，我們用同一把尺去檢視他有沒有達標。最終每個人在價值觀一致、目標一致的狀況下，產值就提高很多。

🕐 挺有意思，這跟我們過去訪談過的創業家的想法，有很多共同的地方，確實就是你講的價值觀跟目標，這個事情也是 CEO 最重要的任務之一，訂出來的話，大家至少在平常討論的時候會有一把尺，這對整個組織效

---

1 Objective Key Result，目標關鍵成果，「由下而上」讓員工一起來思考，要達到公司的目標，需要完成哪些任務。

率確實會有提升。可是當這個尺訂出來的時候，我相信一開始大家一定都不習慣。

🔸 當然。

（JT）這個過程裡面，你有沒有遇到什麼跟你當初想像的不太一樣，做起來沒有那麼容易，主要的挑戰在哪裡？

🔸 其實一開始如果沒有確定改變的方向，你在推的時候就會有反對意見，所以一開始最痛的就是：我要決定這真的就是我們要的主軸。

那也就代表說，訂下主軸，就變成有「對的人」跟「不對的人」，那要怎麼處理「不對的人」？所以最痛的就是，那些沒有這麼容易調整成「對的人」，那我們必須要做切割，或者做組織重構，所以我們就重構了至少 40% 的人，給他們很好的離開的管道跟補貼，讓他們去找一個更適合自己的工作，透過這個方式留下我們覺得比較符合的人。

但還有很多問題，留下來的這群人雖然相對符合，但其實還有很多的培訓跟價值觀，還沒融入到他的 DNA 裡面，甚至招進來的新人，也還沒有馬上融入。所以我們有一個很痛的過渡時期，我們必須在每一個工作環節，每一個培訓的流程，慢慢讓他注入這個 DNA，這至少花了半年左右，

到現在我的 HR 會有一個培訓流程。

(JT) 你可不可以舉幾個例子，哪一種人格價值觀是你特別重視的？我特別想知道例子的原因是，乍聽起來，人格特質很多是天生的，你可以選，但不太能改。那新人進來的時候，是不是有一些人一開始不是完全符合，你是用什麼方式去改變的？

※ 最重要的第一個，我會講是「自我釐清」。

自我釐清　適才適所

(JT) 自我釐清？

※ 對，其實我們在 2020 年前曾經用統計的方式來研究，比較我現有的成員，表現比較好的大部分是哪些人？什麼樣的人表現相對差？我後來發現核心主軸跟他渴望的目標有關。「釐清自我」有點像是「你了不了解自己想要什麼」，假設你想要的東西跟公司要去的方向一致，其實你不用對這個人講太多，他自己可能就會想，我要達到我的目標，公司的這些任務可以達到我的學習目標，我自己就很渴望。所以我們會從面試，甚至在內部我們可能會一對一面談，不斷去確認你到底想要什麼，我們會紀錄下來，然後去看他的行為是不是真的想要這個東西，因為有時候他很

容易說動人，可是行為可能跟他講的不一樣，對吧？所以我們會先把這些資料抓出來，面試時也會去確認說，你說你想要去那裡，那你曾經做了哪些事情，努力想要去那裡。

我們的人格特質有很多項，其他 10 項都沒有比「釐清自我」更重要。為什麼這個最重要？因為只要確認了，它就是一個很強大的動能。速度不夠快，他可能自己會去彌補；可是如果他沒有一個很強大的動能，你一直催促他，一直叫他快，就算他很聰明，可能也快不起來。

🆃 這個很有意思。這就是我們顧問業常講的公司的目標（purpose）跟個人的目標是不是一致；或者用白話來講就是公司為什麼存在、要做什麼，要達到什麼目標，跟個人本身他希望達到的目標是不是有一致性。有一致性的好處就是因為反正都是朝著同一條路去走，背後的動能是一樣的，個人要對公司做出貢獻就會很順。可是難是難在，面試的時候，你以為他的 why 或是他的 purpose 是跟公司一致的，但進來以後發現不一致的話，你有什麼方法可以幫助他重新去思考，公司的目標會不會也是自己可以接受的，還是說就請他走？

🪻 這個是很棒的問題。其實有一陣子我很痛，因為我一直希望每個人的目標都很強烈，企圖心很強。但後來發現，其實「釐清自我」代表的是他理解他想要什麼，譬如說他理解他不想這麼努力，也是一種「釐清自我」，

所以坦白講，我一開始很渴望把目標訂得很難，任務訂得很難，然後大家很努力去追求這個目標，但後來發現有一些人真的很有能力，可是他也許沒有想要跑到這麼遠，那我該做的應該就是把他分配到他適合的任務，然後他在那個任務達標率可以很高，所以培訓是一個環節，但是<u>我後來發現「適才」，去擺放在適合的位置更重要。</u>

🆓 適才適所，了解。所以在人格特質裡面你也會看他是不是總會為自己訂很高的目標？

✱ 是。

🆓 因為公司喜歡把目標設高，所以你也希望每個人都喜歡把目標設很高。你如果找到那種沒有那麼積極的人，但是他很有能力的話，你會考慮把他放在其他的位置，目標不需要那麼高，但是就可以做得很好。所以除了培訓之外，你還用工作安排的形式，來更有效的利用這些人才？

✱ 對，這是我近期最大的學習。

打造讓國際一流人才「舒服」的環境

🆓 這是非常好的想法。我們接著來談一下組織能力的發揮。你們因為事業

的特性，國際化對你們來講其實不是一個選項，你們成立第 1 天就得國際化，而且實質上你也已經國際化了。你們現在在幾個國家有據點？公司有多少是國際人士？

🕸 講現狀前要講一下我的失敗史，就是我曾經在南韓跟香港都設有辦公室，目前都收掉了，但不代表我沒有香港跟南韓的同事，我們後來就集中在台灣，這也就是我們可能還沒克服的地方，就是我們分散在不同的國家的組織管理能力還不夠強。他們可能負責行銷、內容。我們還不敢說我們很國際化，100% 成員都來自不同國家，但大概有 20% 是來自其他國家，我們甚至有馬來西亞、香港、南韓、美國還有歐洲的同事，不過目前都集中在台灣。

🎯 我趁機也大概說一下，我們平常看到企業國際化的歷程，很多其實都是從產品跟業務國際化開始的。意思是，我的產品或服務是各國可以用的，這樣子我就很容易會有來自國外的收入。但這只是初階，還不能算是一家國際化的公司。隨著國際化程度越來越高，第二個階段就是請國外人才進到我的公司。但這過程中你會慢慢發現，因為你業務越做越大，你會希望這些人才能夠更有效的跟公司整合在一起。

🕸 沒錯。

JT 像你剛才講的人格特質和價值觀，你會希望這些東西不是只有 80% 的台灣員工認可，而是 100% 的人認可，對吧？所以如果今天公司能夠有一套比較好的管理模式，是能夠同時讓國際人士跟我們本地人士，大家都覺得是同一套管理方法，而不是老外是傭兵、本國人才是幹部，這樣當然就可以讓組織能力進一步發揮，最終會體現在什麼地方上面？就是當你公司業務越成功，大家又覺得在這裡工作是很舒服的，不管是台灣人或是國外人，你會發現，真正一流的國際人才就會爭先恐後想要進到你的公司。

所以我們在看你的國際化程度的時候，通常看的第一點就是你的老外人才到底是不是一流的，這是最容易判斷的。如果公司裡面雖然一大堆老外，但是一看就覺得人才的品質明顯跟本地人才有落差，那我們心裡大概有底了，就是說你大概不是吸引到最聰明的老外。那為什麼沒吸引到最聰明的老外？因為你的窩就不是設計給那些老外待得舒服的地方。

舉具體的例子。比方說很多公司員工幾萬個、跨幾十個國家，但是到現在開重要的會議，不管是董事會或是內部經營管理會議，用的還是本地人語言。如果偶爾會有老外參加，就旁邊配個翻譯員，交代一下，就是說你大概知道我們在談什麼了；或是所有文件用中英文或全英文，這其實很常見。

但想像如果你是美國或者歐洲的總經理，你一定知道你是隔一層紗的。你一定會覺得，我再怎麼位居核心，我也還是在核心的外圍。這會導致什麼？就是真正優秀的國外人才，他會知道說，好，反正我再怎麼努力，天花板就這樣子了，所以要嘛他跟組織會是一個比較「交易」的關係，我拿多少錢就做多少事吧，我不會把我的生命貢獻給這個公司，或是今天他做得不爽就走了。這其實就是還沒有充分國際化的一個例子。

你如果去看那些很優秀的跨國公司，你會發現不管到哪個國家，那些國家最好的人才都會覺得去那些公司很好。

轉型為全英文的溝通環境

你看我們很多優秀的科技公司、消費品公司，總是有辦法在各國找到最優秀、想去他公司上班的人才。這些公司裡面一定有一套讓不管從哪個國家來的人才，都可以很舒服工作的方法。這裡面最重要的一個體現，就是英文。

🪸 沒錯。

JT 公司裡面是不是用英文來當主要溝通的語言，不管是文件或口語。比方說很多優衣庫 (Uniqlo)、樂天、資生堂、武田等等，他們都已經宣布以英

文為主要的溝通語言,韓國的三星也宣布英文如果不夠好就不能升職等等的。

這些比較「激進」的國際公司,他們其實是做了一個明顯的轉型。我為什麼講「轉型」,因為它不是公司成立第一天就講英文,他們還是講日文或韓文,裡面可能幾千個重要幹部已經習慣那個環境,但是 CEO 忽然下個令,全部改成英文,他們就會經歷一段轉型的痛苦期,而且不會是 1 年、2 年的事,所以他的缺點是你會有一個轉型的高額成本,可是當你真的轉到以一個國際環境為主的管理方式時,你會發現很多國外的優秀人才會願意進來,因為他們知道接下來他在你公司不會是二等公民了。

❈ 基本上我們公司都不開會,而是用「非同步紀錄」的方式來溝通,那當然就會有很多中文字。過去幾乎 9 成的資訊都是中文,但我們最近也開始採納您的建議,改成以英文為官方語言。我們已經實施了 2 個禮拜[1],我們從比較重要的產品跟行銷資訊開始,要求都使用英文。這讓我們的外國同事發現我們內部的人英文其實還不錯,所以重要的資訊大部分都已經英文化,外籍同事的感受就變好很多,就像你講的一樣。

---

[1] 本次對談前 2 週,兩位對談人開過一次會前會,JT 即對 Abner 提出公司內部以英文溝通的建議,Abner 即知即行。

Amazing Talker 的「非同步紀錄」

這是趙捷平親自設計的共識性的協作機制。員工可提出工作有關的發想、假設、驗證，有脈絡的透過文字記載下來，比方說要討論進入某個市場，發想人就可以把這個議題變成一則貼文，附上資料或數據，平台會即時推播給全公司的人。同仁可以像滑臉書一樣接收到這些資訊，大家都可以留言發表意見，或直接線上溝通及討論，再去做決策，就變得很有效率。

因此同仁完全不用鎖在同一個時間，就可以互相溝通。譬如說有人凌晨發想一個點子，先丟上平台，這個構想可能不是 1 個小時的會議可以定案的，但透過時間的拉長和每個人都有發表的空間，有機會讓這個構想變得更完整，而且把大家都綁在一起。

🅙🆃 其實國外的人才遇到這種公司時，他不一定第一個時間會抱怨。他有可能直接下結論：你們就是台灣公司，我在這個公司就是二等公民，你們講什麼我也聽不懂，算了，認了。CEO 不一定感受得到，但是你就會覺得，奇怪，進來的國際人才好像是不得不來的，有點像是來這邊打工的，沾個水就走了；然後你又發現他們的人才品質不一定很好，員工承諾（commitment）也不是很夠。但這是 CEO 看得到的表象和結果，其實<u>根源在於我們並沒有提供一個他們國際人才願意投入、能夠很舒適、友善的環境。</u>

所以你們試了兩週對吧，當然很難 100%，兩週已經很快。那目前為止你感覺好的地方跟挑戰在哪裡？

✽ 我分為團隊跟個人來講。坦白講我們團隊本國人比例就滿高，大部分學歷都還不錯，英文本來就好，當然在撰寫內容的時候，可能需要比中文多一些成本，但目前觀察下來，成本沒有高太多。當然閱讀的時候也一樣，閱讀成本變高，主要還是我，我個人在一開始閱讀的時候當然很不習慣，到現在速度就快很多；以輸入內容來說，我慢慢在習慣，但是我還沒有嘗試太多輸出。

在這個變化的過程中，我希望大家不要認為是為了外國同事，反而引起內部很大的反抗或反感，這不是我想要的，所以我推進的方式是，第一個，先從我們最重要的部門開始，我們產品跟行銷團隊都是比較多外國人或者是英文比較好的；第二，我們先讓可以做這件事情的人，全部改以英文輸出，還不行的我不勉強你，可是我希望你 1 年內可以達到輸出的結果。目前我們不要求全部的人 100% 都要做到，不然大家可能會暴動。

🔵 我覺得這樣非常好。這個轉型以英文為主體的歷程，當然一開始會比較難受一點，可是你忽然會發現你上手很快。為什麼？因為你今天不是為了考試，是為了公司的經營，為了你要做你要做的事情。我個人的理解是，當你今天有一個很強的目的性，你以解決問題為前提去學的時候，

你的學習會很快。

🌺 有目標。

以無痛但稍微難受的方式前進

🔘 對，有目標。第二個就是說，在這個過程裡面，CEO 本身的角色是非常
重要的，尤其我覺得你是很好的例子，因為你等於是在轉型裡面，你自
己都要 suffer（吃苦）的對吧？所以由你 CEO 帶頭，認為轉型成英文是
重要的，我自己也努力學習中，我覺得這給大家很大的示範作用。我剛
剛講的那幾家日本公司，很多其實都是 CEO 帶頭，強迫大家一定要轉成
英文。CEO 帶頭對轉型是一個非常重要的成功要素，所以你們跨出去的
第一步至少還不錯。

🌺 目前進展是好的，希望 1 年內就可以達到。但是我會希望說，以一個無痛
但是又稍微有一點難受的方式前進。

🔘 是，那你就必須把眼界看長一點，想像 5 年之後，我相信你們公司除了
會比現在成長好幾倍之外，老外應該不會只有 20%。

🌺 應該不會，我覺得最終我們可能本地人不會到 2 成。

🇯🇹 這個很正常，因為畢竟你們是一個全球的平台，你本來就是把外國人或者是兩個國家的人撮合在一起，因為這是你們事業的本質，所以你肯定需要多國家、更多樣化的人才來幫助公司成長。

🏴 沒錯。

🇯🇹 我再延伸一下，剛剛講到語言，但是管理國際人才當然不是只有語言。我先舉個例，我們曾經有一些客戶，都是營收千億以上的大公司，這些公司在某個時間點都會遇到全球化的管理議題，我們就發現一個問題，比方說他們要請歐洲的當地人才進來，國外人才發現很多的決策、產品等等的都是在台灣進行，但他們其實根本不知道公司這個產品是怎麼做出來、是用什麼理念做的、做的東西為什麼對我歐洲的客戶有好處，其實他們完全不知道。然後如果當地用戶有一些反映或建議，他們也不知道怎麼反映給台灣的研發團隊，因為根本沒有一個機制讓他們當地人的聲音可以反映到總部。通常只能夠比方說每一年，我歐洲的總經理會到各地去巡視，然後趁機跟他反映一下，但是你知道歐洲總經理通常就是業務，他也沒有機制能向研發部門反饋，所以你會發現，這些人才進來以後，他有太多的障礙，讓他覺得他根本沒有辦法在這個組織裡面正常發揮。

當然有很多急就章的做法，比方說把一些優秀的國外人才外派到台灣工

作一段時間，認識人、知道一些事情，這有一定的效果。可是如果你要靠這樣子來解決這個問題，還有太多其他的問題了，因為除了產品有問題，也有可能是人事問題、售後服務的問題，一個老外進到你歐洲的子公司，他是沒有辦法搞清楚這些事情的，他甚至連問都不知道怎麼問。

所以當公司的體量比較大的時候，你怎麼讓國際人才能夠真的很舒服的在你公司下面做，要做得事情其實很多，遠超過語言這件事。所以你有沒有注意到你那 20% 國外人才，還有沒有什麼樣的痛點？

管理者要有很強的問題意識

🔷 我 100% 認同這個議題。我們有很強的公司文化，我們在乎人格特質，還有很強的協作理念或者協作方法，可是沒有跟 Amazing Talker 在台灣的同事協作過，他不會真的知道說公司的態度是怎樣，人格特質描述的是怎樣，做事的效率要求是怎樣，因為當非同步再加上全遠端的時候，他其實只能感受到字面上或是培訓的內容，可是有很多事其實是透過互動才會了解。這就是為什麼我們會讓南韓跟香港的員工來台灣工作。

先不討論如果南韓同事遇到問題能怎麼解決，因為我們採行非同步紀錄，他其實很容易找到窗口。但比較難的事情反而是感受到那種工作的態度，以及執行的效率。還有，除了單一問題以外，分散性的問題能怎麼一起

經營跨國企業的 2 種模式及優劣勢

	 本土經營團隊主導	 國際經營團隊主導
主要特徵	●經營管理層主要為本地人 ●官方語言為本地語言（通常非英文）。與海外團隊溝通時，文件和會議需翻譯 ●資源分配與主要決策大多倚賴人治、尤其是總部的主管	●經營管理層包含各國人才 ●官方語言以英文為主 ●資源分配與主要決策大多倚賴機制
優勢	●經營團隊語言一致，溝通成本低、達成共識的效率較高，能快速推動業務進行 ●經營團隊內背景相似且想法相近，較易產生共感，能有效凝聚向心力 ●與海外分公司管理層溝通成本低，其經營狀況較能被總部掌控	●背景多元的經營團隊可以交流想法，刺激業務多角化發展，增強企業韌性 ●廣納多元背景的文化，讓公司能吸引到各地優秀人才
劣勢	●本地經營團隊與掌握市場脈動的海外員工無法有效溝通，難以深入了解海外市場 ●外籍員工即便表現優異，職涯發展天花板明顯，難產生歸屬感，導致企業容易流失人才	●必須投入額外資源，建立跨國公司通用的治理架構與流程，確保各地人才能有效資訊共享、跨地營運 ●經營團隊內因有多元觀點與文化差異，有時需要花較多時間溝通
適合企業類型	決策因素與主要業務由總部掌握、海外分公司業務較為單純、且不需直接面對消費者的 B2B 企業，如傳產、電子代工產業	需貼近當地文化以洞察市場趨勢、主要業務來自海外、且重視多元與創新觀點的企業，如零售、服務產業

討論跟解決，這是我們外國同事遠端工作的時候會遇到的，當然也有些同事能突破困難，可是那就非常吃他自己的企圖心跟積極度，當少數案例沒辦法複製就不算成功。所以坦白講這是一個很大的議題，我還在克服這件事情。

🄙 對，我想未來隨著你們公司越來越大，這個議題會一直纏著你，因為公司越大，複雜度更高。說真的也沒有什麼萬靈丹，我覺得關鍵還是在於管理階層要有很強的問題意識，知道這個事情是要解決的；第二就是基本的機制一定要建立，比方說如果你有一個清楚的產品開發流程，讓大家知道說，你這個產品在什麼時間點、該是誰給什麼意見、會做什麼樣的改變、知道要找誰。這已經突破第一關了。

但是光這些字面上的東西或是機制，還是冷冰冰的。人的交流還是很重要。我舉個例，比方說很多日本公司在打中國市場的時候，有時他對產品的要求可能更重應用面，對品質要求不一定那麼高；那日本人就很難理解，認為品質好是應該的，所以會花很大力氣確保它符合一些品質的要求、耐用性的要求，但中國當地市場其實不是那麼在意這點。反而大陸在意的就是你要加一點這個功能、加點那個功能，日本人就不認同，最後就導致日本企業在國際化的過程發生很大的衝擊。

這個時候如果中國的銷售團隊能夠定期跟日本的研發團隊，有一些面對

面的交流，大家分享一下現在的 pain point（痛點），那麼至少日本人在做事情的時候，他會想到說客戶為什麼要降低品質，為什麼要我加這個功能，至少他心裡會相通，知道為什麼對方要做這個事情。這個跟如果人和人之間完全都沒有交流，只是把流程講出來⋯⋯

🔲 完全不同！

🔵 因為心裡沒有溝通對吧！所以我們看到一些比較成功的跨國公司，哪怕有疫情的影響，還是會定期把人聚在一起，做一些溝通、分享，因為人對人的接觸還是很重要。所以我只是想強調，這不只是機制面的，還是有人情面的元素。

當你在國際化的時候，到底要用本地化的方式來管理你的公司，還是用更國際化的方式來管理公司，各有優缺點。前者相對容易，但是你會讓老外人才覺得他們是二等公民，然後對你的關係變成是比較交易型、傭兵型的關係。如果你要走向真正的國際化方式來管理你的國際人才，好處就是大家會覺得是一體的，可是缺點就是你會面臨轉型的痛苦，你必須要花特別的力氣來確保各個國家多樣化的人才，能夠很舒服的在裡面工作。這沒有說誰好誰壞，就是 CEO 的一個抉擇。

把管理國際人才的議題再延伸，就是怎麼去建立共融的企業文化（inclusive

culture）。這要談到一個關鍵詞叫 DEI（Diversity, Equity and Inclusion，多元、平等與包容），意思就是公司怎麼樣能夠創造一個讓多樣化人才可以共融的環境。本章談的很多國際人才的管理，其實就是 DEI 的一環。所以最終是要創造一個環境，是能夠讓不同的國家、甚至不同性別、不同年齡的員工，都能夠在你的環境裡做很好的發揮。

為了打造友善的 DEI 環境，當然會需要做全面性的考量。除了包括領導階層本身要認同這個價值觀，要願意去推，也包括你在選用育留的時候，要考量多樣化人才的平衡，甚至以後的晉升。沿著公司人事的整個環，都要去顧慮到多樣化人才的發揮。

很重要的一點就是你內部要有一個評量的機制，確保這些國際的人才，不管是被進用或是被留任的比例，是對公司來講比較健康的環境，讓公司裡面不管是什麼人才，都能夠盡情去發揮。

破關 Tips

- 每位員工擁有共同的價值觀和目標時，生產力自然會提升。

- 員工能「自我釐清」了解自己，公司能適才適所，就可創造人才最大效益。

- 讓國際員工和本地員工適用同一套管理方法。

- 公司國際化程度高不高，看老外是不是一流人才就知道。

- 公司轉型為全英文溝通，可免於讓老外人才有二等公民的感受。

- 公司轉型為全英文溝通，可從外籍員工較多的部門開始推動。

- 應建立跨國、跨部門的流程溝通機制，並製造人際實質互動，以促進溝通。

- 以解決問題為前提去學習，會學得更快更好。

- 在轉型變革中，由 CEO 親自帶頭，以身作則，非常重要。

- 管理者要有很強的問題意識。

- 建立共融的企業文化，選用育留時都要考量多樣化人才的平衡。

進軍國際市場，
商業模式得要一致嗎？

Gogolook 的代表性產品是「Whoscall」，幾乎台灣一半以上人口都曾下載，
而且一直在成長。Whoscall 是一個為用戶辨識陌生來電與過濾簡訊的 App，
全球下載突破 1 億次。前兩年疫情帶來的恐慌心理和企業數位轉型，讓詐騙
變成新常態的一環。母公司 Gogolook（走著瞧股份有限公司）提供資安防詐
與風險管理的「信任科技（TrustTech）」服務，因而急速成長。2020 年在日
本成立海外子公司，現已推進到泰國、馬來西亞、巴西等。事實上，Whoscall
早期曾在 100 多國上架，後來收縮到 30 多國，目前選擇先專注經營 7 個市場；
商業模式也經過大幅轉型，從廣告占收入 9 成以上，目前降至 5 成以下。共
同創辦人兼執行長郭建甫在 10 年摸索後指出，各國文化和國情不同，如何決
定採取哪一種商業模式，曾經是他最大的兩難。

對談人

郭建甫　Jeff

Gogolook 執行長

Profile：Gogolook 走著瞧

成　　立／ 2012 年

創 辦 人／鄭勝丰（董事長）、郭建甫、宋政桓（技術長）

主要服務／陌生來電辨識軟體 -Whoscall、Watchmen 商譽保護服務

　　　　　數位身分驗證方案（Identity Suite）

　　　　　Line 可疑訊息查證機器人 - 美玉姨

　　　　　個人金融商品比較平台 - 袋鼠金融 Roo.Cash、號碼辨識串接服務

成 績 單／　第 4 屆總統創新獎

　　　　　　多次獲選 Google Play 及 Apple Store 年度最佳應用程式

　　　　　　全球下載次數破 1 億、活躍用戶超過 1,400 萬

🔵 Jeff，很多人都知道 Whoscall，而且在使用，但對背後的 Gogolook 不是那麼認識，可否簡單說明一下？

✳️ Gogolook 最有名的產品是 Whoscall，我們是打造一系列信任科技的公司。為什麼叫信任科技？我們要知道，科技它是一種技術、一種工具，它本身沒有價值觀，就端看人們把它用到好還是用到壞的方向。我們公司致力於把科技用在賦予人們的信任上，Whoscall 就是以此為宗旨發展出來的產品。我們認為我們的專長，就是在所謂反詐騙，以及風險控制，所以我們除了有 Whoscall 之外，也有另外一個平台叫「袋鼠金融 Roo.Cash」，它是致力在所謂「普惠金融[1]」，去幫忙每個人找到自己應得的金融商品，涵蓋各類貸款、信用卡與數位帳戶等。基於消費者端各項服務所累積的成功經驗，我們近年來也發展出很多 B2B[2] 的商業模式，協助金融機構和電商去過濾詐騙的用戶，同時讓受到信任的使用者能獲得更好的服務。

🔵 所以提供信任這個服務給 2C 消費者，也給 2B 企業。你們已經成立超過 10 年了，分享一下 Gogolook 這段時間的成長歷程？

✳️ 很多人會形容說一間 10 年的創業公司叫「老創」。其實一直到今天，我們還是把自己當作一間永遠在「DAY 1[3]」的新創公司。

10 年前，我們專注的是「電話詐騙」這個題目；疫情襲來之後，整個詐

騙的情況是非常嚴重的。我早上才跟一位資安專家討論到，他們認為所謂新的資安領域，應該不只是電腦裡的防毒軟體，而是「人跟人之間的防毒軟體」。因為當每個人都有個數位身分，然後在數位環境裡大量的交流，這是一個非常巨大的問題。他們說，根據最近 2、3 年看到所謂的「網址詐騙」，他們發現，的確有 8 成以上都是詐騙，有 1 成是所謂的「釣魚訊息」，就是它假裝是你信任的品牌。所以我們是過了 10 年才發現，其實我們是在解決資安的題目，而且是在未來——所謂「新常態」，或者是後疫情時代，更重要的一個資安議題。

信任危機下的新商機

所以才會一直走到今天，我們發現就算做了 10 年，但社會還是有各式各樣的信任問題。當我們開始遠端地跟每個人互動的時候，它反而變成一個非常重要、亟待解決的問題。所以我們還在高速成長，也從台灣走到全世界 7 個國家，來解決用戶的問題。

---

1 普惠金融（Inclusive Financing）是聯合國於 2005 年提出的金融服務概念，意指普羅大眾均有平等機會獲得金融服務，尤其是那些被傳統金融忽視的農村地區、城鄉貧困群體、微型企業。

2 B2B（business to business），企業對企業的商業交易。B2C（business to customer），企業對消費者的商務交易。

3 亞馬遜（Amazon.com）創辦人貝佐斯（Jeff Bezos）在 1997 年致股東的信中，強調 Day 1 心態——堅持不懈地滿足客戶需求，大膽創新，20 多年來一如既往。Day 1 即是一種保持好奇心、敏捷性和實驗的文化。

🔵 疫情開始以後，因為大家都更常待在家裡，而變得更依賴電腦或是手機來互動，比較少人對人的交流，有沒有因為這樣，數位詐騙明顯增加了？你們有從中看到什麼樣的發展機會？

⚫ 我先根據我們 2021 年公布的年度詐騙報告[4] 來說明。從疫情以來，我們發現簡訊詐騙增加超過 100%，就是 2 倍。這代表什麼樣的訊息？你就發現，疫情一開始的時候，是恐慌，<u>其實恐慌就是詐騙集團最好的工具</u>。

🔵 原來如此。

⚫ 那它用什麼議題？例如一開始是物資缺乏，你可以回想，一開始缺什麼東西？口罩。所以就一堆簡訊寄來，跟你說我這邊有一批很便宜的口罩。還有很多防疫的資訊，但基本上都是假的、騙人的，到後面甚至有疫苗、紓困貸款的詐騙，甚至有很多非常無良的詐騙情節。比如當小朋友開始可以回學校上課了，就有一些歹徒佯裝校方，進行問卷調查，說這裡有個連結請你進來填，問說你們假日去哪裡玩，就好像假冒疫調。所以你發現一堆詐騙下來，人跟人的距離拉更開了。這些數位工具原本是拉近彼此的善意，但用於善跟用於惡，基本上是一樣好用。所以疫情之後，整個詐騙其實已經變成一個「新常態」底下的另外一個常態。所以我相信今天當你收到一個簡訊的時候，其實你腦袋裡面就有一個鬧鐘，會先懷疑這到底是不是真的。

🆃 是啊，三不五十說什麼自己有一個包裹來了，叫我點連結進去，不然就是線上書店打電話來說你是不是最近訂了一本書等等。有時人一忙起來，忽然看到那個訊息，你也不會懷疑，一按進去，然後就被釣魚了。

✳ 這些詐騙集團不只會假冒陌生人或商家，它有時候是盜了朋友的帳號，傳訊息給你，變成「信任」這件事情，真的是越來越難得。

🆃 我很好奇，不管是簡訊或是 Line，你們怎麼判斷是真的還是假的，你們用什麼手法？

✳ 其實需要靠很多不同的力量。第一個，像台灣一直有所謂的「事實查核中心」，它其實是民間機構，它集合很多查核者的力量，針對大量在網路上散播的訊息去進行查驗，這是一個來源。再來，其實詐騙網址有一定的特徵，國際有很多科技公司會用 AI 等等的技術，去試著辨識這個網址背後是不是可疑的來源。所以你可以想像，它有透過我們講的「公民的力量」，這種開放的力量，但也有透過科技的力量，大家一起來解決這個問題。但它一直到今天，都還是一個極為困難的問題，所以才值得更多像我們這樣的科技新創一起來投入解決。

---

4 可上 whoscall 官網看完整報告。

🎯 所以你等於是要納入大量的不同資訊來源，然後用一些演算法去判斷這個是真的還是假的。

⬤ 是。這個演算法也包含對發言者本身過去的評價，他過去如果都是發很值得信任的資訊，那你就可以相信他未來還是會發值得信任的資訊。所以它其實就是一個互相信任的社群，每個人也要非常珍惜，自己對每一個資訊的應對跟評價。

在日本市場 獲地方政府背書

🎯 你剛才提到的，你們已經在全球進入包括台灣的 7 個國家，我知道你們是 2020 年在日本成立第一個海外子公司，然後去了東南亞的泰國、馬來西亞。你可不可以也談一下你們在海外的發展？我特別有興趣的就是你剛才講到那些詐騙的運算，或是判斷的手法。那個好像挺需要在地化的對不對？因為每個國家語言、文化都不一樣，可能資料來源也不同，你們是怎麼做海外市場的布局？

⬤ 首先，像日本跟東南亞其實是兩個截然不同的市場，從用戶屬性到做生意的慣例都不同。我們大概在 5、6 年前進到日本布局，但當時詐欺的情況並沒有像台灣那麼嚴重，所以我們很早就進去，只是沒有去加碼投資這個領域。但新冠疫情一來，一有恐慌，詐騙集團就乘虛進入日本、東南亞。

我們就發現，當時是一個很棒的時間點，再加上當時日本福岡市政府很希望找一些新創公司，一起去解決疫情底下的一些問題，包括外送服務如何做得更好，以及因為疫情產生的詐騙。所以我們剛好找到一個很棒的合作夥伴，就是福岡市政府。

因為這個題目是很需要「信任」的，日本市場傳統上比較保守，只信任日本國內的品牌，所以我們認為有市政府的加持，對我們來講是個很棒的力量。「防詐騙」是一個很獨特的產業，要進入這個市場，品牌的信任價值非常重要，很多時候它不是你用錢就可以砸得出來的。所以我們很不一樣的策略就是進入日本市場，透過跟市府合作，讓市府的信任品牌形象也照亮我們。有了這樣一個政府合作關係，從福岡到甚至日本全國消費者面前，我們被看見，下載量也提升了。那當有了初始的用戶下載量，它就會有所謂社群回報，有了足夠的社群回報，再透過我們背後的一些 AI 技術的運算，它就有個初步的資料庫。到現在，我們在日本累積的資料庫水準，在當地已經是數一數二的。

另外就像剛剛講的，日本的商業慣性也很不一樣。它不像我們在很多其他國家，我們都形容我們是用「空戰」。所謂空戰就是你只要在 Facebook 上面打廣告、在 Google 下關鍵字廣告，你就可以直接接觸到用戶。但反而在日本用這樣去接觸用戶的成本很高，所以我們在日本，是透過手機電信商或者手機系統整合商去推進在地市場。

JT 所以你們等於是電信營運商的一個加值服務，是嗎？

※ 是。

JT 原來如此。這個確實是挺不一樣的做法。那東南亞呢？

在東南亞 採在地行銷打法

※ 東南亞就跟台灣比較像，我們採取的是空戰的做法。我們大概 5、6 年前就去泰國提供服務，還沒有在當地投資。也是到 2、3 年前，推特上突然間單月就產生了 6 萬多則自發性推文。我印象很深刻的是，還有用手語的貼文，是一個聽障者用手語介紹 Whoscall 的影片，非常生動。突然間大家紛紛描述自己是怎麼被詐騙的，然後怎麼使用這個服務來避免自己再被騙。用戶開始推薦用戶，出現口碑式的增長。

就像剛剛講的，在日本很關鍵的是我們跟警政單位合作，所以在每個國家，我們採取的第一步都是跟警政單位合作。只是泰國比較像台灣，所以我們在這個合作建立起來之後，就開始大量在當地做非常多廣告，泰式幽默的廣告，做形象宣傳，然後也做很多空戰式的廣告，獲取用戶的速度非常快。在泰國我們已經連續 2 年，每年用戶都是 2 倍的成長。所以我們是直接採面對用戶的方式，並不用花太大的成本，因為平台的信

任，還有我們溝通的方式是正確的，就有大量用戶一直進來。

🔵 如果比較這兩個市場，有些挺不一樣的地方，也有一些相似的做法。比方說你剛才提到日本跟泰國都是先跟警政單位合作。但日本那邊，你比較多的是找電信營運商當夥伴，收費模式等於是跟著電信營運商的帳單。但泰國這邊，你做比較多空戰，收入是不是也以傳統廣告為主？還是廣告跟月費都有？

🔴 在泰國就跟台灣一樣，走的是所謂的免費增值模式（freemium model），大部分用戶都免費，靠廣告賺錢，只有少部分是訂閱制營收。

🔵 你們嘗試海外市場也一段時間了。你在打海外市場的時候，遇到哪些挑戰？

🔴 我覺得打海外市場的第一個挑戰，是你必須先確認「防詐騙」在當地真的是一個必要的需求。因為我們早期曾經在 100 多個國家上架，後來收縮到 30 幾個，目前專注在 7 個國家。在這 7 個國家，我們觀察到它的確做到 product-market fit（產品與市場適配），就是當地真的有對陌生電話號碼的恐懼，這個恐懼會讓他願意尋找一個服務，來消除自己的恐懼，為尋求一個安心感，他願意付出代價。也就是在這 7 個國家我們都找到一個商業模式上的平衡。就是我們去獲取用戶，並且可以從不管是廣告還

是訂閱模式上面，找到一個對的商業模式。因為我們的確發現，有些市場用戶會需要你，但是他不願意付錢，然後廣告的單價又很低，對於這種市場，我們可能必須在口袋夠深的時候再回來投資，要不然我沒辦法在這個市場上追求一個長期、永續的服務。

商業模式 各國因地制宜

🟢 當初那 100 多個市場，除了現在的 7 個，基本上就放棄了，是嗎？

✹ 身為新創，我們必須先秤秤看自己的口袋有多深。我相信與其在 100 多個國家都有少量的用戶，但是沒有所謂的市占率優勢——市占率優勢很重要，它讓我們可以深化我們的服務。—— 倒不如我們只選擇 7 個國家，但我在當地都可以成為市場先進者，甚至獨占或寡占這種占有優勢的產品服務，我覺得這比較重要。

🟢 所以你等於是重新聚焦你的資源，在這些你認為比較適配的市場。

✹ 是。然後有機會去做到很大的市占率。當有龐大市占率，你就可以做很多不同的商業模式。

🟢 這段時間你有沒有遇到比較大的挑戰或是痛點？

✹ 其中一個挑戰就是商業模式的轉換。因為畢竟 10 年前你很難相信人們會為了 App 付錢，所以一個很自然的商業模式是，你先提供免費服務給用戶，試著用廣告獲取營收。但我們在 3、4 年前做了一個決定，就是把廣告模式大力轉成訂閱制。這回答了一個最重要的問題就是：你究竟要對誰負責。因為當公司的 9 成營收都來自廣告，那你可以講你負責的對象是廣告主，它就是你要討好的對象；當你把整個商業模式轉向用戶的時候，代表你對誰負責？你對終端用戶負責。

就像剛剛講的，你要的是什麼？終端用戶要的是通訊上的安心感，所以你會發現，你的組織突然間從商業模式到決策，都更對齊了你的願景，甚至很多技術工具的投資，是更一體、更一致、更和諧的，而不會有衝突。所以當時我們認為我們做了一個非常正確的決定，但它的確不是一個好做的決定。但幾年下來，我們現在廣告營收占比逐年下降，慢慢轉型為 SaaS 公司，公司也更「反脆弱[6]」，因為你是對消費者負責，你提供最棒的服務，其實就不太容易受到景氣影響。

🅙 我們曾經服務一家手機製造商，產品也是賣到全世界，他們那時遇到一個問題，感覺好像全世界不能用同一套打法。他一開始挺掙扎的，因為

---

5 出自塔雷伯（Nassim Nicholas Taleb）的著作《Antifragile》（繁體中文版由大塊文化出版），指我們需要適時出現的壓力與危機，才能維持生存與繁榮。塔雷伯也是《The Black Swan》（黑天鵝效應）的作者。

每個市場幾乎沒有一個標準的、大家可以參照的有效打法，所以每個市場都會遇到兩難：我要用 SOP、制式的打法嗎？但結果通常效果不好；或是我要想一個在地的打法，可是大家也不知道怎樣才是最好的。

所以那時候我們去幫他做了一個梳理，我們去統整全世界的市場，發現全世界市場可分成幾種，然後每一種有一個 archetype（原型），就是標準的打法模式。大概梳理出 4 種，像在東南亞市場，手機大部分在小店裡賣；而像美國市場，可能是由電信營運商主導市場，那時電信營運商都會大幅補貼智慧型手機。這兩種市場的打法就一定很不一樣。

一個就像你們在日本一樣，你要跟電信營運商跟得很緊，終端用戶反而其次，重點是怎麼讓電信營運商願意幫你推產品，怎麼跟它既有的產品去綁售。相對的，如果走零售通路，那當然就是你怎麼樣能夠從代理商、二級代理商到零售商，管得服服貼貼的，比方說你怎麼確保定價不會亂來，怎麼訂通路商的激勵獎金，確保它有足夠的動機來幫你推產品。你可以想像這兩個市場的打法就很不一樣。

所以我們在幫客戶的時候，最重要的可能還是要先梳理，到底有哪些市場、有什麼樣的共同特質，把這些特質做一些分類，然後從這些分類來做一些打法上的建議。

檢視商業模式的 6 大元素

所謂「打法」其實就是商業模式。我們通常把商業模式（business model）拆成「價值主張」（value proposition）跟「營運模式」（operating model）兩大塊。一個是「我們到底給客戶提供什麼樣的價值主張」；另外一個就是「為了傳遞這個價值主張，公司內部採用什麼樣的營運模式」。

簡單來講，「價值主張」包括：1. 到底你要針對什麼樣的 TA（目標受眾）？2. 你要給他什麼樣的產品或服務？ 3. 你要怎麼去收到錢？

以你的例子，在日本，你是 B2B2C 的概念，1. 你眼前的 TA 是電信營運商，真正使用的是消費者，這個是你的目標族群；2. 你提供的服務是 Whoscall 為主；3. 你的收費模式可能是搭著營運商的月費去收取加值服務的費用。這些就是價值主張的 3 個主要元素。

營運模式也可以拆解出 3 件事：1. 沿著這個價值鏈，你到底要定位在哪裡？比方說從一開始的採購到製造、物流，再到業務和行銷、售後服務，就是一連串的價值鏈。不是每一家公司都會從頭到尾自己做。

像蘋果就是專注在手機的設計，製造是外包給代工廠去做。所以在價值鏈上面，你要選擇到底要切入哪一塊？哪些東西要找外面的夥伴？這是

營運模式的一個決定。

價值鏈搞清楚了之後，2. 公司內部到底要怎麼去布局？這裡包括你的組織。比方說你的研發要放在哪個部門，你的業務要放哪裡？你的售後服務或是客戶支援要放哪裡？前面第 1 點是公司對外部，第 2 點就是公司自己內部的組織要怎麼做。

3. 成本模式。這點可能比較少人想到。舉個例子，大家常用的軸是「變動成本」或「固定成本」的打法。變動成本就是你賣越多，成本越高；固定成本就是說，你一開始投入了一定的成本，之後就用攤提的概念。兩者各有好處和缺點。

所以，價值鏈、成本模式、組織結構，這 3 個合起來，就是我們認為的營運模式。「價值主張」跟「營運模式」總共 6 件事，合起來就是商業模式。

套在你的例子來看就挺有意思的。比方說你在日本，你找營運商當夥伴；但是你在泰國是利用廣告或社群媒體，比較用 pool（客戶池）的方法。所以你在研究產品與市場適配的時候，是可以去考慮這幾個軸。你未來還是有可能會擴展到現有 7 個市場以外，賣的東西也不一定只有 Whoscall 了，因為未來你如果是做整個信任科技的話，其實還有電話以外的信任

商業模式 6 元素

價值主張（value proposition）

產品或服務 銷售或交易 有價值的東西	**市場區隔** 找出有共同需 求的目標客群	**營收模式** 可實現收入的 系統和策略

商業模式（business model）

價值鏈 對顧客提供附 加價值。如設 計或代工	**成本模式** 製造、流程、 組織及銷售活 動的成本	**組織結構** 設定目標、建立 制度。如功能別 部門、薪酬制度

營運模式（operating model）

問題，產品服務的部分，你搞不好會有新的東西，然後會針對新的客群、用新的收費模式。所以這可以給你一個有趣的框架讓你去思考，未來你要往其他海外市場走的時候，你有沒有新的原型（archetype）可以來設計。

🌸 這邊我很想反饋一下，剛剛你講的這些事情，我要是早點知道就好了。我覺得我就是在錯誤中學習，其實我們是透過進入日本市場一段時間之後，才發現你剛剛講的價值主張。因為我們過去所熟悉的價值主張，只有我直接面對用戶，所以我提供的東西很不同。可是當我今天是要說服電信商、營運商採用我的服務，然後提供給消費者的時候，會發現他們的要求是完全不同的。

甚至你剛剛講到，清楚價值主張之後，那營運模式是什麼？我也是經過一段學習之後才發現，我其實不用整個價值鏈做到完。我到最後是在日本找了一個系統整合商，我只要提供一種很標準化的產品資料庫，交由他們去客製化，去滿足不同的營運商或各層級代理商的需求就好了，這樣我反而可以標準化，降低我的營運成本。

最後你講到成本的概念，過去我曾經在一個不熟悉的市場，早期是先用固定成本，後來發現它的彈性太小。但這對我來講，就是沉沒成本[6]。我後來就學會，在一個我不熟悉的市場，一開始應該用變動成本的打法。然後在我確定這件事情，可能未來 5 到 10 年，它是一個可見的市場之後，我再轉向用固定成本的打法。我是從經驗學習到這件事情，但剛剛提到的架構，我覺得非常值得認真思考。

6 大元素須維持「一致性」

JT 還有很重要的一點就是，這 6 件事，一定要有一致性（cohesive）。

比方說你的目標客群就是營運商，營運商要賣給最終用戶，可是你的營運模式如果沒有跟上的話，還是用台灣的打法，你就會發現，你沒有辦法滿足真正的目標客群，而且會覺得，奇怪了，做什麼事情就是卡卡的。

所以我們常常在幫企業檢視他在市場有沒有做對事，其實就用這 6 個元素快速檢查一下，而且很多時候是要親自去訪談營運商，你才會知道它實際狀況怎樣，它的痛點是什麼，或是它主要的抱怨是什麼。光是把這 6 件事理順了，你就發現市場很容易就通了。反過來講，有些市場你常常覺得很不順，有時候就是因為其中有哪件事是有問題的。

然後，有時候你在本地市場（home market，指台灣市場）會有很多先入為主的假設前提，其實在新市場是無效的。比方說你可能就因為在台灣大家很容易收到詐騙電話，就以為別的國家也是，但其實不一定是這樣子的，你往往只能夠去現場看，然後不斷去嘗試。但關鍵是你要確保這 6 件事是有一致性的，這樣的話，你就會慢慢發展出適合那個市場的商業

6　沉沒成本（Sunk Cost），指已經發生且不可收回的成本。

模式的原型。

🌸　剛剛提到一點很重要，當我們看清楚這些外部環境的機會，可能有個架構，然後會有不同的打法之後，我覺得我們很多經營者會忽略的一件事情就是，這些市場跟機會背後所對應的組織、文化跟管理，可能也不同。就像剛剛講的，我們過去習慣直接面對消費者，它會創造出某一種開發文化；但當你面對的是營運商時，那又是另外一種開發文化。

我舉例，面對營運商時，代表你可能是時程優先，他說這個時間點你要做好，要不然我不願意推你的服務。但當你直接面對消費者時，時程是誰訂的？是你自己決定的。所以它其實是一種非常有彈性的時程，這兩種開發文化就完全不同。

如果沒有把 6 個元素由內到外真的串起來，就算洞察到商業機會的結構不同，你也抓不住。這就是我現在正面臨的挑戰，就是我必須讓公司準備好由內而外去創造這個和諧，例如像日本市場，就算是提供不同的產品或服務，但是我必須創造出一種組織文化，它是可以面對營運商的；而在直接面對用戶的市場，我也要有另外一種組織文化來面對。

破關 Tips

- 企業可依各個市場特性分類，為不同類型建立商模原型，採取不同打法。

- 打海外市場第一步，先確認當地目標客戶真的有需求，並且願意為此掏錢。

- 擁有龐大市占率，就能嘗試不同的商業模式，深化客戶服務。

- 定義好商模，釐清「你究竟要對誰負責」。公司的投資和經營決策，就更能對齊願景。

- 商業模式包括對外的「價值主張」，和對內的「營運模式」兩大塊。

- 價值主張包括：1. 你的目標客群；2. 你要提供什麼產品或服務；3. 你的收入模式。

- 營運模式包括：1. 你在價值鏈上的定位；2. 組織的架構或布局；3. 你的成本模式。

- 在不熟悉的市場，可先採變動成本模式，市場確立後，再評估固定成本模式。

- 商業模式中的 6 大元素，務必維持「一致性」。市場卡住，往往代表其中某個元素卡住了。

- 市場跟機會背後所對應的組織、文化與管理，往往也不同，宜細心洞察。

第 3 篇

你要怎麼去？

選擇與能力

如何選定轉型方案？你可能需要重新思考公司的營運和商業模式，包括對客戶的價值主張、目標市場、產品和服務、以及可以最大化營收和利潤的模式。領導者在這個階段應提出具體的轉型計畫，比如引進新的流程、系統和營運模式，決定公司需要進行的變革方法，同時發展公司需要的新能力。

這些要從時間、資源投入、風險以及成效等等層面做綜合考量，你必須把不同路徑都評估一次，不能憑直覺就跳出一個結論。

成長目標與組織能力之間，如何平衡？

綠藤生機成立已超過 12 年，是台灣第一家倡導「以減法為核心」的本土純淨保養品品牌，也被《彭博商業周刊》（Bloomberg Businessweek）譽為「台灣的植村秀」；甚至在全球共 4 千多家被國際認證的 B 型企業中，連續 5 年拿下 B 型企業「對環境最好」（Best for the World）大獎，是家非常優秀的公司。2015 年起到 2021 年，綠藤營收成長超過 10 倍，團隊增加 3 倍 。2021 年還被國發會選為「台灣 Next Big」9 家新創之一，將有機會代表台灣往國際發展。然而，創辦人鄭涵睿開始感覺組織能力跟不上組織成長的壓力。究竟成長目標與組織能力之間，如何找到平衡點，我們該因為組織能力不足而降低目標嗎？

對談人

鄭涵睿　Harris

綠藤生機執行長

Profile： Greenvines 綠藤生機

成　　立／ 2010 年

創 辦 人／鄭涵睿、廖怡雯（永續長）、許偉哲（一寸鮮育苗人）

主要商品／洗沐保養品、活芽菜、純淨香氛

成 績 單／◯ 台灣第三家「B 型企業」

　　　　　◯ 2022 年營收估約 4 億元

　　　　　◯ 連續 5 屆獲頒「對環境最友善的 B 型企業」，

　　　　　　 是台灣唯一，亦是亞洲第一

　　　　　◯ 2021 年入選國發會「台灣 Next Big」

　　　　　　 （新創國家隊）計畫

🚇 Harris，簡單介紹一下你當初成立綠藤生機這個品牌的初心。

🌿 綠藤生機在創立的時候，我們一直很相信一件事情，就是人們每天的生活有很多地方其實都可以更好。不只是對自己更好，也對環境再好一點點。隨著我們每天食衣住行，與人的一個一個接觸點，裡面有一些東西是值得透過產品去做改變。所以我們就想，我們有沒有辦法去打造一些產品，它可以承載多一點點的理念，去影響消費者的生活，這就是為什麼我們當初決定一起創業的原因。

🚇 我看你們確實挺成功了，在很多大通路上面都有你們的產品。

🌿 綠藤是一家 B 型企業，我們覺得一家企業存在的原因不能只是獲利，必須同時兼顧對社會跟環境的責任，也符合現在 ESG [1] 的潮流，加上 Z 世代他們滿在意工作的意義性，所以在招募上，我們很開心有滿多很棒的人才願意考慮綠藤。

組織能力跟不上成長挑戰

🚇 你們公司從 2010 年到現在，成長得很快，在這一連串的發展過程裡面，遇到了什麼挑戰？

✿ 綠藤最近大概有一些計畫。我們去（2021）年滿開心的一件事就是被國發會選為台灣的「Next Big^2」，就是有 9 家公司可以代表台灣往國際走，所以綠藤現在很認真在做的一件事情是，想把自己梳理好、準備好，然後以台灣的一個生活品牌之姿，去到不同市場，國際化。

你也知道，綠藤最早的產品其實不是保養品，是生鮮芽菜。我們覺得人應該吃得更健康，種植東西應該對環境更負責。我們打算重拾這個初心──其實它一直都在，可是我們要把它做得更好，這是另一個層面的挑戰。

以數字來講，綠藤從 2015、2016 年到現在（2022 年初），營收可能成長了 10、20 倍，而我們最主要的主管，80% 都是同樣的夥伴。然而身為一個執行長，我覺得自己的能力應該都沒有成長 10、20 倍，同事們可能也不一定有，所以在快速成長之後，如何讓組織能面對外界的挑戰和機會？然後我們又很貪心，我們很希望生意做得 OK，我們也希望做的過程中可以對員工跟環境還不錯，但是當遇到多重張力的時候，我們覺得組織能力沒能跟上現在的挑戰，所以產生滿多內部的張力、挑戰和壓力。

---

1 指 Environment 環境、Social 社會責任和 Governance 公司治理。
2 NEXT BIG 新創國家隊計畫，是國家發展委員會為強化台灣新創的國際知名度，在國家新創品牌 Startup Island TAIWAN 的基礎上所推動的計畫，經由新創社群及業界領袖共同推薦 9 家指標型新創成為 NEXT BIG 典範。2021 年選出之 9 家新創企業為：Greenvines 綠藤生機、iKala 愛卡拉、CoolBitX 庫幣科技、Pinkoi、KKday、Gogoro、Kdan Mobile 凱鉬行動科技、17LIVE、91APP。

🅙🆃　這個張力、挑戰、壓力，是你現在才開始感受到的嗎？因為過去成長了那麼多。

✳　應該說一直都有感受到，只是現在非常明顯。我覺得現在就像橡皮筋一樣，當你上面拉得越高，但你看到自己只有這個樣子，會越不舒服。

🅙🆃　公司人數有跟著成長那麼多嗎？

✳　公司人數沒有到 10、20 倍，大概從 30 個成長到 110、120 左右。

🅙🆃　那是 3、4 倍。大部分幹部還是當年一起打拚過來的夥伴，這確實挺有意思的，我想也是挺典型的問題。企業在成長的時候，尤其是新創公司，因為通常成長速度比較快，很多時候業務成長會比人才的成長，不管質或量，會來得更快一些。

　　然而「人」這個事情，當然不像你們做一瓶保養品，你可以複製 100 瓶甚至 1,000 瓶，可以量產；「人」要量產其實不容易，更不用說還有質的提升。然而我聽到一個還算相當正面的，至少這段時間，當初那批重要的幹部，有許多都留下來了。

✳　最高階的主管 8 成都是從以前就留下來的。

🔘 這確實不容易，尤其企業在蛻變的時候，可能包括商業模式改變、地域的改變等等，這時人才的波動會比較大，但至少你們那些重要幹部有留下來，已經是挺好的第一步了。

建構組織能力的 4 大面向

今天你等於是帶出一個挺重要的議題，你提到組織能力的建設，這也是我們顧問業服務的重點項目之一。其實很多 CEO 來找我們，反而不太像是要我們為他指引一個方向，或是講策略等等。老實講，我覺得過去這 10 年來，CEO 來找我們，是因為他們對經營摸不著方向的反而非常少，可能 10 個中頂多只有 1 個，而且通常不是對他本質的核心事業方向不清楚，而是有關新事業的比較多。尤其這幾年來，很多企業開始在跨行，CEO 對新行業可能不是那麼理解；有些則是 CEO 本身已經有想法，找我們去驗證他的想法，這大概占 2、3 成；其他 6、7 成，其實是他已經有一個很清楚的想法，麻煩的是，他的團隊跟不上，所以找我們布建人力，這個反而是我們現在最主要的工作。

這可能有幾種不同的場景，最常見的就是企業轉型。我最喜歡講的例子是「從賣產品到賣解決方案」，就是一種轉型，比方說你本來是賣套裝軟體的，現在變成賣 SaaS，賣服務。還有訂閱制，從線下到線上（offline to online），或甚至變所謂 OMO（online merge offline），線下線上融合

等等。遇到這些轉型的時候，其實大部分 CEO 最大的無奈就是企業的能力跟不上來。你剛才提到的好像也有點類似，只是你們不是方向上有轉變，而是因為業務成長得非常快。

🔳 我覺得你講的非常有趣。就是我們在看一個生意時，你的戰略是什麼，然後你的組織能力有沒有跟上，這兩個東西相乘上去，好像比較有機會。我們現在的確覺得，戰略上我們有大致方向，或許不一定對，可是想去嘗試，問題是能力跟不上。

🔵 是，尤其新創公司通常對戰略的方向，是 CEO 或一些比較天才的經營者，從之前的事業經驗中給他一定的方向，或是本身就很聰明，所以通常這些新創公司的企圖心、目標，跟他的能力之間的 gap（差距）又更大。

首先說說，什麼叫做「組織的能力」？如果做一個簡單的拆解，我們 BCG 認為有 4 大面向。

第一個是流程（processes），就是台灣人最喜歡講的 SOP[3]，流程其實是能力的體現；第二是工具（tools），包括資訊系統或數位工具等等；第三，能力（competencies），通常指的是個人的能力；第四是管理（governance），指的是組織的結構、架構，但不只是這樣，因為組織裡面每個人有自己的角色，有他自己的動機，像被 KPI 或激勵機制所驅動，這些東西合起

建構組織能力的 4 大面向

來就是管理。

所以當今天你要去建立一個能力的時候，就可從這 4 個面向去考慮。比方假設你是賣套裝軟體，跟你去賣線上訂閱制服務，牽涉到的流程是不太一樣的。賣套裝軟體，你原本賣的對象可能是代理商、經銷商，所以處理的流程很多可能跟通路相關。可是當你今天要直接針對最終用戶時，你可能會有理解客戶的相關流程——你是不是有定期拜訪客戶、有沒有定期去挖掘客戶的痛點需求、是不是有回報公司的相關 CRM[4] 系統等等，

---

3 Standard Operation Procedure，標準作業程序。

這些流程會有些不一樣。

所以你可以想像，今天公司要轉型，如果流程沒有跟上，大家還是依循原有的 SOP、還是跟通路商打交道，這樣其實跟新事業是不能匹配的，所以流程是一個挺重要的事，因為它基本上就是規定員工要做什麼事情。其中也可能會牽涉到工具的改變，如果既有系統不能支撐新的商業模式，那流程也會被卡住。

「能力」也是一個明顯的例子，如果員工是跟通路打交道，他需要能談價格和數量的能力，跟他要去了解客戶痛點、知道產品要怎麼賣給客戶、訴求點在哪裡⋯這種類似顧問式銷售的能力，其實是很不一樣的。而這都是個人的能力。

最後一點「管理」，當然就牽扯到組織和激勵機制。我用激勵機制做例子。你以前賣一個一個的套裝軟體，假設一個賣 3,000 元，你可能給業務員有一定的激勵機制，比如銷售達標了，我給你百分之幾業務獎金；可是當今天變成訂閱制，假設客戶一個月只要付 200 元，那我怎麼去算業務員獎金，難道要 3、5 年後，結算這個客戶到底給公司貢獻多少營收，我再抽成給業務嗎？或是今天公司收多少錢就分多少錢給業務，也會有問題，因為理論上，你的銷售人員可能是在賣出東西的那一剎那，他的貢獻最大，可是之後客戶的持續訂閱，這個銷售員卻可能不見得有做出任何努

力，甚至說不定是公司另一批人在做的，例如電銷或客服部門，所以你怎麼去做激勵，變成很大的學問。如果沒有設計好，就會變成公司要轉型，員工不想配合。所以你怎麼樣重新去思考激勵機制、怎麼去訂 KPI 等等，這些在做能力建設的時候，需要方方面面考慮比較完整。

🎗 會影響到好多人。

🆃 對，所以怎麼去做能力建設，變成一個非常重要的事。你可以想，今天如果你是 5 萬人公司的 CEO，你再怎麼聰明，要去改變 5 萬人的做事方式，這個很痛、很難，對吧？

🎗 所以你一開始進去幫這些公司的時候，會去評斷他這 4 個面向，哪邊的問題比較大嗎？

在目標下檢視能力的差距

🆃 這個要看客戶來找我們的起點。像你可能對綠藤未來要做什麼事情已經很確定，現在只是要執行；也有可能你只有 50% 的確定，希望找我們驗證一下你的方向是不是對的。

---

4 Customer Relationship Management，客戶關係管理。

❋ 建立假說去驗證。

🅙 是，這也是一種可能的起點。也有想要進入新事業的，假設他現在要進能源業，但他到底能幹嘛，所以來找我們幫他探索。但是大的方向一定要先確定，才有辦法去提煉或去梳理你的哪些能力是不夠的。

舉一個典型的例子，做數位轉型，很多公司就是沒有 AI、大數據的人才，所以你一定要先梳理你要幹嘛，你就會知道說，今天在公司的能力圖裡面，缺乏哪些能力，哪些是我「可能」有這種人力，比方說我雖然沒有數位人才，但有一堆傳統的 IT 人才，也會寫程式碼，搞不好我的人力是可以從我裡面的人才做技能重塑（re-skill）到數位能力上。總之，你一定要先知道你要做什麼，才會知道你的能力差距有多少，再從 4 個面向去檢視這些差距，要從哪一個面向來彌補，也有可能 4 個面向都要做。

❋ 這實在非常有趣。舉一個可能發生在我們同事身上的案例。就是隨著業務越來越大，可能本來自己一個人做事情，他開始要帶團隊，同時外面又發生了一些變化，譬如行銷科技開始進來、數位轉型工具變多，同事們得開始帶領一個功能性的團隊，同時這些功能又開始擴張，變成我們有時候連目標該怎麼設定都不知道，加上還要去因應外部快速變化的挑戰，我們會開始懷疑自己有沒有辦法做到。這時隨著管理的人越來越多，管的事情越來越複雜，我們該怎麼辦？

自我學習的能力越來越重要

🔵 老實說這個不容易,這也不是新創公司特有的問題,大小公司都一樣的,因為外面變動太大了,以前大家只要努力做好自己的事情,比方行銷就是依循傳統的 4P[5],把它做好,定位找好,就可以讓產品有效的賣到市場去。但現在要嘛是奇怪的競爭對手一下子跑出來了,有可能是跨行來的,最常見的就是互聯網,這些對手的資源、規模都跟你不一樣,他一來就擁有巨大資源,要跟傳統的業者對打。

你剛才提到工具,以前工具可能很固定就那幾種,但現在變得五花八門,說真的要趕上都很難。現在經營環境跟以前大不同,但這本來就是企業經營者或幹部自己必須不斷跟上的地方。你看我們現在有那麼多所謂的 buzzword(流行用語):web 3.0、元宇宙、AI,哪個經營者可以說這些東西跟我無關,而且明明就是很不 tech(科技)的行業,現在沒有人敢不管 tech 了。所以「自我學習」這個事情就變得非常非常重要。10、20 年前很多知識很依賴從學校或是從你工作上的某個職能學來,但現在你要不斷的自我學習突破,competency(能力)必須要靠這樣建立,否則很有可能你自己就不夠 competent(勝任)。所以假設行銷主管還是抱持著 20 年前教科書上的那些技能,連現在最基本的怎麼去做社群媒體行銷、要看

---

5 行銷 4P 指 product (產品)、price (價格)、place (地點)、promotion (促銷),是企業常用的一種行銷策略架構。

什麼指標都不知道，那我很難想像這種主管怎麼留得下來。

比較難的反而是，當公司業務方向發生比較大的改變時，我舉一個極端的例子，比方說忽然要跑到非洲去發展業務，這就不是我整天上 Google 去搜尋非洲的資訊，就有辦法弄懂的，到某個時間點你就必須真的去找懂非洲市場的專家或顧問進來，也就是必須擴充你的能力，所以能力有可能是自己去取得，也有可能必須從外面加進來，就要視情況而定。

補強能力 要訂優先順序

🐜 這 4 個要素彼此之間的關係是什麼？因為我們新創常常會有的思考點是，我們專注在我們比較有優勢的地方，可是好像有一些短板[6]，這東西一缺，我們根本就沒辦法再往前走。

🔵 這是個好問題，老實講我還挺難給你一個結論。因為不是每個公司在補任何能力的時候，這 4 個都要補。這個事情很重要——你要去訂一些優先順序。

假設你今天要做數位轉型，希望用 AI 做個性化行銷，那你一定要有人懂數據分析。再比方今天你想建立一個敏捷組織，圍繞某群客戶的某個痛點提供產品，而且這個產品可能每 1、2 週就要不斷的優化，這樣的話，

你的「流程」就不一定是最重要的，因為流程的缺點就是會綁死你。那「流程」在什麼狀況比較好用？就是當你要解決的問題是很固定的，你要確保做事的品質是一定的。所以你就要判斷，你的 context（場景）到底在這 4 個面向中，哪個面向是你要優先補起來的能力。

你想像，我就算有一個完美的流程，花了幾百萬美金去買一個完美的工具，KPI 都設得非常好，然後左右一看，到底誰會用這些東西？沒有人。這就很奇怪對吧。

🟤 我們好像也有這樣的狀況。

JT 我們遇過一個相反的案例，曾經有公司來找我們說：我請了幾百個 AI 的博士，你們可不可以幫我理解一下，怎麼去用這些人？

這當然是大公司才會有的奢侈，但他就是沒有先搞清楚他的戰略目的是什麼，再去補他的能力，結果他把人才補得非常優質，可是因為沒有從戰略下手，所以就算公司某個能力特別突出，可是就沒辦法與目標匹配、沒辦法發揮。

---

6 短板理論又稱「木桶原理」，指由多塊木板構成的木桶，決定其最大容量的不在其中最長的木板，而是最短的木板。

所以回到我一開始講的，你還是要先知道你到底想要達成什麼，就是策略或戰略，然後知道你能力的短板，然後再來討論那 4 個面向，能怎麼去補這些能力短板。

企業文化與管理

🏵 我在想，一個能力的養成，有一種「刻意練習」的概念，就是說假設流程是有效的、對的人也放在對的地方，同時主管可以讓人才在這個流程之下，有效的持續達到結果，公司跟人才都越來越好。但我也記得 JT 曾經在一堂課上談到，所有企業的問題你一直挖深，一直問 why 下去，最後都是企業文化的問題。

綠藤現在遇到一個問題，因為我們一直以來都滿講究敏捷，就是公司要能夠快速變動方向，針對客戶的需求，調整組織結構、調整我們做事的方式，到現在也已經 10 年了，卻發現好像大家比較不想要把流程固定下來。假設 JT 來診斷說，我們這間公司就是因為文化造成流程比較不容易穩固的話，您有可能會建議我們做什麼樣的一個活動或行動之類的？

🔵 我可能沒有辦法直接舉你們公司當例子，因為我不知道你們實際遇到的是什麼問題。可是我們過去確實也看過幾個公司，希望把流程「固化」，跟剛才講的業務增長有很大關係。因為當業務增長，你會發現 CEO 能夠

看到的東西，一定是越來越小、或是越來越高，你很難看到全部現場的每個角落，更不用講當企業開始做國際化，分散到那麼多國家的時候。到後來你眼睛看得到的，基本上都是一些結果的數字，除非偶爾有客戶的抱怨直接寄到 CEO 這邊來，但你真的看不到每一天的營運作業。所以當公司規模變大時，用流程來確保品質達到一定的水平，是一種挺常見的做法，但我也不能說這是唯一做法，因為你可能也聽到有些公司，是用所謂的文化。但是當你規模變大，你做的事業也可能可以有一定程度的固定流程。

但這個「固定」倒不是說全世界都只有一種做法，其實很少這樣子，因為每個國家比方說線上線下的通路資源、客戶消費習慣都會不太一樣。我們看到很多全球化的公司，大部分都會分不同的模式來經營，等於是把各個國家分成幾類，然後用不同的流程來管。

有些公司基本上是靠文化或是所謂指導原則來管理，而不是變成流程。流程要訂下來是很容易的，你只要把流程關鍵點全部放進系統，你就不得不依循那個流程。但也會有一些副作用，因為有些時候明明很簡單的事情，只要講一句話就行，可是系統就要你連到線上去，輸入一大堆資料，所以你會犧牲一些效率，但是它的好處是可以換來一致性（consistency）。

✿ 在所謂 governance 這一塊，我們其實需要更明確的一些指標來指引公司的

發展，但是有一些指標進來，怎麼去結合到企業？就是說外面的經理人會、顧問會，但我們內部一些土生土長的同事好像就比較不會，我們該怎麼選擇？

(JT) 如果只是單純隨著業務的增長跟需求，需要在 KPI 上面有進一步突破的話，倒是有很多比較快的方法，比方說去尋求行業的專家指引，或去看同業的領先者是怎麼給他海外的業務主管設 KPI，你可以很特定的去找，這種資源還挺容易拿到的。

當然要小心的就是，不是別的公司怎麼樣你就怎麼做。因為如果你花時間下去研究 KPI，它挺大的成分其實還是來自公司的文化。像有些公司是非常靠 KPI 在驅動員工的，這有好有壞，你大概也看過很多⋯⋯

(🔅) 我也不喜歡。

(JT) 對，當你今天太靠這種分數來管人的時候，會造成一個問題，就是 transactional（交易性）太重。員工動，是因為 KPI 有寫，當員工發現這明明是有問題的，但是 KPI 跟我無關，就沒人理，為什麼？因為理了對我沒什麼好處。

當然 KPI 永遠可以設得比較虛一點、或少一點、或比較結果導向一點。

至於結果，還能分個人和公司。比方說業務指標的 KPI，如果你是設個人賣出去的銷量，跟大家背的是整個公司的銷量，員工的行為可能就會不一樣。因為如果我背整個公司的銷量，我就會比較願意去幫助別人；但如果只有個人目標，那我甚至可能把同事的訂單搶過來。

但是如果你全部都以公司銷量為 KPI，也會出現問題，就是搭便車（free rider）心態，反正大家都有背業績，那今天你多做一點，我就提早回家了。所以設 KPI 其實也牽扯到你公司的文化，跟你 CEO 到底想要公司變成什麼樣的公司。

有些 CEO 接任的時候，看到員工都是看 KPI 才動，沒有 KPI 就不動，他就忽然心血來潮覺得這樣不對，我們應該靠文化驅動，然後一下就把 KPI 拿掉。這時員工會忽然茫了，不知道要幹嘛，等於是驅動組織的中樞神經沒了，所以真的不能夠照抄，因為每個公司畢竟都不一樣。

企業轉型如何重訂 KPI ？

🟤 這邊我們就真的遇到過兩難，我舉綠藤做例子。我們跟一般的美妝業者相反，他們是線下往線上走，可是綠藤是從官網起家，現在往線下去擴張，變成我想要去找 bench mark（參考標竿），想要去跟別人學習說，要設立

怎麼樣的指標來導引我公司的時候，我發現有一點點困難。然後又身為一家 B 型企業，我們把對員工好、對環境好的一些指標都設進去，以致我們有時候會進退失據。這個問題，是我們庸人自擾嗎？

JT　不，這是非常實際的問題，其實就是公司業務成長，你不能只靠線上，必須往下一個階段去增長，可是拉到線下去，那本來指引大家在線上能做好的 KPI，在線下不一定行得通。而且你做了什麼事情，在線上都很容易測量，可是到了線下很多事情都測量不到，所以要怎麼確保業務的動能（momentum）能夠持續下去。這個時候可能你的指標要做一定的修正，但是現在倒是有很多例子可以參考，因為已經有很多線上起家的公司慢慢往線下去走，像 Amazon、小米，包括一些通路商等等。

首先你會發現這些公司沒有一個 KPI 是長一樣的，因為 KPI 還是很體現你的文化的，跟你員工的組成都有關係。但他們會遇到的問題，有的相對比較有共性。像小米，他可能在線上很容易測量流量，但顧客到了小米之家，可能看半天都不買，流量也不知道怎麼去測量。所以你可能要退一步仔細去想，你到底想得到什麼目的，做法有很多，比方說很多線下的客人，假設他想要買一個產品，但是店裡面沒有，那你或許可以在店裡面有一個指南，或是店裡的員工可以給客戶掃一個 QRcode，附上折價券等，顧客回去就直接上網訂，這樣你就可以去追蹤這筆訂單，是來自哪個店的誰發了這張折價券。

像這種追蹤現在其實很多，當然它可以追得很細，賞罰就可以分明。可是它有它的缺點，就是今天你衡量的指標我才管，你不量的我就不管。所以最終就會牽扯到企業成長的時候，你到底要用什麼方法去統帥你底下的員工，有些是領導，有些是價值觀，你們公司在增長的時候，每到一個階段都要更新自己的 business system（商業系統）。剛剛講的那 4 個其實就是商業系統，你的商業系統要不斷的進化，隨著你的業務變大，種類變多，你的員工組成變複雜，你很多事情就要開始考慮了。甚至現在我們常講多元化，在你們現階段可能還不是問題，可是當你的員工再多兩個零，你開始就會擔心了，多元化很重要。

🌸 對，共融性。

JT 是。當然不是說現在不重要，你現在有很多其他的優先工作，可是等你的組織變複雜的時候，什麼聲音都有，你開始什麼事情都要管，你會發現你的管理等於是個商業系統，商業系統其實就是能力的體現，要跟著你的業務規模和種類不斷的進化。

🌸 聽起來真的是很大的挑戰，以現在外面各式各樣的變化，這個世界的複雜性真的是越來越高，我覺得管理顧問的生意會越來越好。

JT 管理顧問這行不可避免就是永遠要比客戶多想一步，我們內部叫

outsmart，比客戶更聰明一步，所以我們的挑戰就在於，怎麼樣能夠永遠在這個時代的前沿去想，而且不只是去理解那個技術，而是理解這個技術給我們客戶帶來的影響（so what）在哪裡，我覺得是挺大的一個挑戰。

商業系統的變與不變

▓ 這平常都是怎麼樣去形成的？

Ⓙ 這是好問題。我們剛才都一直強調變，但有些東西其實不太變。我舉個例子，我們剛好有一本書叫《時基競爭》[7]，這理論是約 40 年前我們的資深合夥人提出的。在 1980 年前後，整個世界還是被「掌握規模就掌握一切」的想法支配，但他們也發現，有些公司規模雖小，可是賺的錢不輸給大公司，他們就去找為什麼，結論就是這些公司雖然沒有規模，但是他動得很快。比方說要訂製家具，大公司都要 2、3 個月交貨，但他們可能 2、3 個禮拜就給你。就是因為動得特別快，更早交付、存貨更少、客戶滿意更高，又回來找你，很多正面循環，然後你就會變成一個非常有效率的商業機器。所以這個概念其實是很早就發現了。

現在來看，你說企業速度重不重要，甚至企業的規模跟速度，如果選一個，你要哪一個？很多人會選速度。所以很多其實是不變的，20、30 年這些東西還是很經典、很重要的。但是很多東西也會跟著變的，其實難

就難在，當你今天是 CEO，要判斷哪些東西是「北極星」，永遠都在北邊，你怎麼在你這個動盪的時代，找到自己的北極星，這個分別確實就是經營者的功力了。

很謝謝 JT 這段話，這讓我想到貝佐斯帶給我影響很大的一段話，他說，大家都在問他說 10 年後有什麼會改變，可是沒有人問過他 10 年後有什麼不會變。他覺得商業真正的本質是根，應該根基在不會變的事情上面。大家想要更便宜的產品、更快的運送，所以他打造出 Amazon 這樣一個帝國。其實這個問題我每年都會想一次，就是有沒有哪些事情是不會變，值得我們押注。我覺得從這個想法再到剛剛提到的 4 個面向，我覺得我好像找到了一些方向。

今天你們遇到的兩難在於，公司 10 年來成長得那麼快，怎麼樣讓大家的能力能夠跟上，這個能力指的不是只有個人，而是整個組織的能力。這確實是一個不容易兼顧的事情，因為如果只管業務成長，不管能力建設，那很有可能到後面，你的成長會遇到瓶頸；相反的，如果沒有業務成長來支援能力的建設，包括花錢、花時間，那麼公司也不一定有辦法持續下去。所以企業的成長跟能力的建設，兩者怎麼去找到對的平衡點，確實是一個挺大的挑戰。

---

7 原文書名《Competing Against Time: How Time-Based Competition is Reshaping Global Markets》，George Stalk, Jr. 與 Thomas M. Hout 合著，經濟新潮社 2022 年 3 月出版。

企業能力部分，我們通常看4大面向：流程、工具、能力還有管理。我們也從文化這個角度來看，文化其實也是影響員工能力和行為的一個重要角度。4大面向跟文化其實是互相影響的，因為這兩個東西最後都會落實在員工的行為上。

延伸閱讀

系統性建構組織能力的 10 大實踐

1	將帶來最大價值的少數關鍵能力列絕對優先
2	評估關鍵能力各個面向與現況的差距
3	領導階層在過程中保持一致態度
4	設計每項能力，解決4大面向問題
5	組建具有專業和觀點的跨職能團隊
6	採行嚴謹的變革管理方法
7	在員工日常工作場景中培養能力
8	衡量結果，並進行修正
9	兼顧組織的「硬」和「軟」面向
10	堅持到底，直到改變固化

破關 Tips

- 建構組織能力的 4 大面向：流程、工具、能力、管理。公司每到一個階段都應更新這一套商業系統。

- 4 大面向跟企業文化互相影響，最後都會落實在員工的行為上。

- 領導人要判斷，哪個面向是你要優先補起來的能力。

- 當要解決的問題是很固定的，或須確保一定的工作品質，則應訂定流程。

- 如果系統工具不能支撐新的商業模式，那流程也會被卡住。

- 個人能力：「自我學習」變得非常重要。組織能力：如果無法透過訓練取得，就向外尋求。

- 你公司的 KPI，其實反映了組織的文化。

- 經營大方向一定要先確定，才能梳理出組織能力的短板在哪裡。否則就算某個能力特別突出，也沒有辦法與目標匹配。

- CEO 的責任：判斷哪些東西是不會變、可作為依循的「北極星」。

如何從
技術腦變客戶腦，做成生意？

台灣第一家 AI 獨角獸 Appier 沛星互動科技，2021 年在日本掛牌上市，鼓舞台灣新創圈，前景備受期待。

包括游直翰在內的幾位共同創辦人，都有一身技術絕活，卻沒有人懂業務與商業，成立初期跌跌撞撞，也曾面臨錢快燒完的窘境，從多次失敗中體會到做生意的根本道理，從此翻轉經營思維，贏得一個個客戶的信賴。他們犯過什麼錯？是如何修正？又是如何形塑企業團隊的文化，吸引一流人才？如何選擇投資人，把小新創養成大公司？

對談人

游直翰

Appier 執行長

Profile：Appier 沛星互動科技

成　　立／2012 年

創 辦 人／游直翰、李婉菱（營運長）、蘇家永（技術長）

主要服務／以 AI 人工智慧與軟體為核心，發展數位行銷工具平台，
　　　　　提供一站式的 AI 軟體解決方案

成 績 單／◯ 台灣第一家軟體獨角獸公司

　　　　　◯ 5 輪募資共募得 1 億 6 千多萬美元（約台幣 46 億元）

　　　　　◯ 在亞太地區、歐洲及美國擁有 17 個營業據點

　　　　　◯ 全球客戶超過 1,440 家，每天處理近 510 億次預測

　　　　　◯ 近 4 年業績成長 3 倍，2022 年兩度上調財測目標

🗨 請談談 Appier 提供客戶什麼樣的 AI 服務，服務什麼樣類型的客戶，幫他們創造什麼樣的價值？

🌸 Appier 是使用 AI 和數據去幫客戶做到行銷自動化、行銷最佳化的公司。從一開始的「獲客」，之後「留客」，最後幫助客戶預測他的客戶未來會想要什麼樣子的東西。舉例來講，電商或 App 都想要找客戶，可是不是所有人都適合當你的客戶，很多人下載你的 App，過幾天就刪除，這個行銷費用就白花了。我們是用 AI 去預測，這個人未來會留存多久，會花多少錢，之後我再幫你投資行銷費用，把客戶找進來，這樣的效果就很好。很多傳統的行銷要試了以後才知道哪個有效、哪個沒效，如果可以用 AI 先預測，覺得會有效，再花錢行銷。這樣的話，廣告也更容易打，因為知道哪群人會變成客戶，願意花多少錢。在計算投資報酬率時，也會更精準。

我再舉一個跟大家生活比較貼近的例子。幾乎所有的電商和 App 都會發折價券，希望大家可以消費。我跟我太太是截然不同的兩種消費者，她是一定要等到折價券，有折價券她一定要用；但我可能就會忽略掉，想要買就買。

每個人消費習慣不一樣，但我們看到很多網站是無差別地給所有人折價券。因此，我們用人工智慧去預測誰是已經決定要買的，誰是還在猶豫

的，誰不會買。用這個預測結果，去給最對的人折價券，當他猶豫的時候，可能就差那一點點折扣，他就會變成你的客戶。我們就是要掌握這個時機點，在最有效的時候，用 AI 計算出來的資源去刺激消費者，讓他變成你的付費用戶。

🔵 這也是我們在講的「個性化行銷[1]」。

2021 年，Appier 在日本掛牌上市，這對台灣的新創圈產生非常大的激勵。新創的 3 件大事，就是「找人、找錢、找生意」。先談「找生意」。Appier 有國際一流的技術，但你們是一群工程師，生意是怎麼來的？

在會展裡找專家請益

🌸 創立 Appier 的時候，我跟共同創辦人都是從實驗室出來的，我們有一身技術，對產品有熱情，但對 business 和銷售以及客戶，其實是不太懂的。

對我們來講，這是很棒的學習旅程。一開始我們很想要讓 AI 可以傳遞價值給客戶，但這過程失敗了 8、9 次。因為我們都是先設定了技術，再把它變成產品，然後才去想可以符合客戶什麼需求。初期我們很多次的失

---

[1] 又稱個人化行銷（Personalization），指透過網路消費者過去的行為數據，投其所好，提供符合個人經驗的行銷方式，進而達到銷售的目的。

敗，都是因為掉入了這個錯誤的邏輯上。

在最後幾次嘗試之後，我們才學會從客戶的需求開始，然後去想應該提供什麼樣的產品，最後才去思考可以運用什麼樣的技術。

🟢 很多技術公司都有一身絕活，認為自己可以幫客戶帶來很多價值。不過因為不太了解客戶到底要解決什麼問題，或是客戶的痛點，所以即使技術很好，其實客戶是沒有感覺的，或是沒有打到痛點。這個轉換並不容易，你是如何做到的？

🔘 其實我們也是跌跌撞撞，然後才找出這些邏輯。一開始時，參考過一些線上影片，也看過很多書，說一定要先找到客戶的痛點再去想。但是，在創業的過程中，如果沒有親身經歷，就算書上是這樣寫，也很難去領會箇中真諦。我們公司其實就是 learning in hard way，用最痛苦但是也最深刻的方式去學習。

就是因為有幾次的失敗，幾乎把積蓄都燒完了，才去想說應該要先找到客戶的痛點，再用我們的技術去解決，是多麼重要的一件事情。

我們做工程的人，第一件事情就是先想到技術本身，再想到可以怎麼樣變成一個應用，最後才去想要進攻什麼樣的市場。因為我以前做研究寫

論文的結構就是這樣子。其實在市場上剛好相反，要反過來從需求去想。所以，我覺得這件事情其實是最重要的。

🔵 這跟顧問行業很類似，我們有一大堆所謂的商業解決方案、理論框架，可是比方說定價、供應鏈等等議題，每個行業、每家公司遇到的問題都不一樣。所以我們等於是在賣教科書，說供應鏈有這 12 招，可以讓你參考；最難的是現在客戶遇到了比方供應鏈的問題，像韌性、缺貨等等，我們就要去幫他解決。你們在一開始要去理解客戶的痛點，有沒有去找懂這個行業的人，甚至請他加入你們，或是當你們的諮詢顧問等等？

⚫ 這個是滿好的問題。你可以想像，Appier 創立時就是幾個有熱情的科學家開始，我們在業界沒有這些人脈。

但是，我們有做一件事情，我覺得還滿值得參考的。因為很棒的人才可能不會加入我們，但是他們會出現在很多的聚會和會展上。所以，當時我們做滿多的嘗試，例如去租一個小圓桌，在這個行業試著去推銷我們的產品。收到目標客戶的反饋之後，再回去調整產品，這個是我們唯一有辦法得到回饋的方式。

因為公司一開始就只有 5 到 10 個人，很難去找到一些業內的專家，但是，其實專家都在會展裡面。

🆃 在會展中租個小圓桌，你如何去說服這些參加會展的廠商，有什麼小撇步？

🔩 通常他們都不會理我們。最簡單的方式，就是比其他的攤位更勤快，然後去拉客，找到人。因為其實在會展期間，很多人剛進來時也搞不清楚狀況，他可能也是在找，看看有什麼樣的公司。因為客戶平常行程都很忙碌，你很不容易逮到他有一段時間出現在會場，可以跟客戶自我介紹。所以，我們幾個創辦人就以技術的背景，去開發自己在銷售方面的潛能。

🆃 其實像我們顧問業在幫一些比較大型公司時，他們本來也是技術導向，也會遇到類似的問題。經常遇到最麻煩的點就是：真正決策的人，是不理解客戶需求的人。就是掌握資源的人不理解客戶的需求。

那時我們就會鼓勵他們做一件事情，就是跟客戶面對面坐下來，找機會去觀察客戶到底是怎麼做事情的。對大公司來講，因為高階主管都比較忙，所以除非你故意去設計，否則這個事情是不太容易發生的，而這就是我們顧問在做的事。可是你們願意投資時間，去行業會展，跟各行業介紹解決方案，坐下來探討。你們是公司掌握資源的關鍵人物，直接去聽行業的聲音，對公司確實會挺有幫助的。

🔩 對，我覺得這很重要。不過老實說，那時候我們是很小的公司，也沒什麼

資源，也不見得是別人願意投資的對象；反而是我們自己，我們找到一個可行的方向，我們自己就是我們的資源。

技術腦轉成客戶腦

🔵 在會展，你們除了理解這個行業或客戶的痛點之外，有沒有遇到你們前幾號的客人？

⬛ 倒是有，但是變成我們客戶是很久以後的事了。在那邊，其實有一些人會真誠地給我們建議和反饋，對我們很有幫助。我們在創業時，對商業的了解很少，但是一位開餐廳的長輩跟我說，「做生意就是客戶最大！」這句話一直烙印在我腦海裡，直到現在，那個聲音都還記得，因此，我們決定改變，就是去找到客戶。

其實，到現在我們的公司文化也是，不管你是第一線面對客戶的業務或是高階主管，最重要的還是客戶，就是要自己去見客戶，面對面溝通，了解他們的需求，我們才有辦法持續的創新。我們公司有一個文化，就是 customer driven innovation（由客戶驅動的創新），這是我們公司最深刻的一個文化。

🔵 「以客戶為中心」真的是至理名言，無論是對新創或對大公司來說，這

句話沒什麼好質疑的。可是難就難在如何實現？而且隨著公司的成長，這句話很容易被忘記。尤其當公司內部變得越來越複雜，經營者常常會陷入公司管理的漩渦之中。他可能頭腦裡面一半以上都在考慮怎麼去平衡公司的各方勢力、資源分配，反而忘了最根本的一點，就是「客戶最大」這件事情。我覺得，這是一個非常好的提醒。

從會展開始，你學習到這個行業本身的一些想法，也遇到了行業裡的客戶、知道客戶的痛點。然後你們做了什麼事情？

創新 × 效率 才能顛覆市場

🔴 知道痛點以後，我們就再去想，在新創行業，差異化很重要，要能夠有很重要的創新，提供很好的解決方案，能夠比現在既有的解決方案都還要更好，我覺得這很重要。因為新創公司初期資源很少，一定要比現有的公司更有效率。唯一有效率的方法就是創新的接受度，還有解決問題的效率，兩者搭配起來，才有辦法比既有的解決方案提供者，還要能夠破壞市場、顛覆市場。

🔵 當時你們還算是新創，資源也不夠，要超越現有的解決方案，首先你要知道現有解決方案有哪些，那你如何知道現在市場上有什麼樣的解決方案？你是怎麼下功夫去超越他們的？

✹ 我們去會展除了看客戶，也是可以看一下行業其他的公司。<u>去會展，就是大家去學習，了解一下這個產業是怎麼運作、有什麼樣的人、他們又做到什麼樣的程度。</u>我們必須這樣做，因為我們真的是商業的白紙。已經有經驗的創業者或經營者，可能不需要到我們這種程度。

ⓙⓣ 在真正開始有生意之前，跑會展大概跑了多久？

✹ 那時候大概有 3、4 年，我們幾個創辦人都會一起去一些重要的會展，每年可能有 3 到 10 個不等。一直到現在，在新冠疫情之前，我還是非常有興趣到各個商展去看。這對我來講，就是增進知識以及交流的好地方。

ⓙⓣ 那你如何找到前幾號客戶，願意把他們的數據開給你，讓 Appier 來證明自身的價值？

✹ 最重要的關鍵就是我們要解決的問題，是不是真的打到客戶的痛點？

客戶願不願意開始花時間來談合作，很多時候不是取決於是不是新創或大公司，而是你到底有沒有幫客戶解決最重要的問題。<u>如果能真正解決很重要的問題時，總是會有人願意開始跟你合作。</u>

🆃 一開始時，你是不是親自寫 E-mail 給一大堆零售業或是其他行業的大公司，毛遂自薦？還是說你們也剛好背後有一些投資人，有一些關係幫你們去拉線，帶你們認識潛在客戶？

⬛ 我們沒有任何投資人，我們還是一個新創團隊，其實一路以來也都是靠自己的力量成長。當時就是寫 E-mail，然後拿搜集回來的名片跑去拜訪，介紹我們的解決方案，看他們有沒有興趣。我覺得在新創，有一件事情是好處也是壞處，第一個是剛開始時不需要很多客戶，因為公司小，就算要支撐營運，也不需要很多客戶，所以被拒絕幾次應該 OK。

第二個，剛開始也不需要很多人才，所以被拒絕幾次也是還 OK 的。當時，我們就是抱著「有回應，就會有機會」的心態。

🆃 你們第一次找到客戶願意聽你們的提案，到最後願意開放給你們去做試點，能否講一下這個歷程。

⬛ 因為我們每次去會展都有帶一些新點子，去找一些人提案。到最後，有些人就覺得我們是一個滿有趣的新創，每次點子都不一樣。後來有個客戶看到我來會展，第一句話就問 "what's the new idea this time？"（這回有什麼新點子？）那個人本來不是那麼容易約的，他竟然第一次給我們機會，去他們公司提案。我們雖然一開始沒有拿到很大的案子，但是得到

了一個可以做 pilot run[2] 試點的機會。我覺得只要你相信你可以做到,很多人到最後都會給你鼓勵的。

🔵 所以那個客戶等於是在會展認識的,然後你們每次去都拿新東西出來,就養成他的期待了?

✳ 對。

行銷服務是投資還是費用?

🔵 做到試點,就是你們開始展現價值的時候,我相信很多客戶也會問你們,費用要怎麼算?就是賣產品是要賣性價比[3]?還是要賣價值?台灣很多公司,大家喜歡他們的產品,主因是性價比很高。但你們好像不太一樣,你對定價的哲學或看法是什麼?

✳ 其實,每個行業都不一樣,很難一語概之。如果你的行業市場很大,競爭者同質性很高,比價就無可避免。但我們所在的 AI 市場是一個逐漸成長和爆發的市場,特別是應用在行銷上面,我們是幫助客戶成長,所以我們更在乎能不能真正 deliver(交付)價值給客戶,而不是價格的競爭。

---

2 初步小規模操作試驗,用來評估產品的成熟度。
3 price-performance ratio,產品性能和價格的比率,俗稱 CP 值。

因為如果我們真正能夠幫客戶成長，而且他成長真的很高，那其實我們是可以跟著他們一起成長的，這是一個良性的循環。如果我幫他增加的業績效益真的很大，我相信所有人都不會介意比較高的價格。

🔵 我們其實挺怕客戶把顧問業當成是賣 powerpoint（指簡報）的服務提供商。因為如果是賣 powerpoint，那肯定會覺得我們的收費是貴的。可是如果把花錢請顧問當成一個投資，投資的好處就是我投 1 元，它會賺 3 元、5 元回來；我投 1 萬，它會變成 3 萬、5 萬回來，這個 1 元還是 1 萬元的定價，對客戶來講就不是那麼重要了。你們其實就是希望讓客戶認為，買你們的服務是一種投資（investment），而不是一種花費（expense）。如果是這樣的話，你們幫客戶創造的價值越高，你們收取到的費用就會相對越高，對兩邊來講都是雙贏的局面。

這也給服務業非常好的啟發。今天在賣服務的時候，如果只在意提供的東西跟價格，客戶就會覺得越便宜越好；但如果能跟 Appier 一樣把價值量化，讓客戶知道買了這個服務，對公司的營收提升或是降低成本，能夠看到一些真金白銀的效果，那他就會把你的服務當成投資，而不是費用。

🌀 沒錯。

🔵 前面提到「以客戶為中心」。要實現「以客戶為中心」，重點在於如何

重塑客戶體驗。BCG 在協助企業推動以客戶為中心的轉型時，會建議從3 個層次來思考：

首先，公司要訂定需求策略，選定目標市場，知道大方向上要針對哪一種客戶才會有比較高的回報。對 Appier 來說 ，目標市場是需要 AI 行銷解決方案，來協助導入線上流量並加以變現的商業客戶，並非一般消費者。

但就像 Appier 剛創立時一樣，很多技術起家的經營團隊，很容易把關注點放在產品功能，而非客戶的痛點上。意識到問題後，就應該從「客戶體驗」這個流程下手——沿著「顧客旅程」（customer journey）來挖掘客戶的痛點，確實了解客戶的需求，對客戶建立深刻的洞察，進而思考如何能為客戶帶來價值。Appier 到會展去找陌生客戶談，摸索客戶需求，也是方法之一。

再來，Appier 需要向客戶證明自己的價值，就得透過創新和效率，幫客戶導流變現；客戶收到了效益，就不會斤斤計較 Appier 的價格。

最後，為了支撐以客戶為中心的策略，公司內部需要強化組織能力，建立支撐骨幹；從流程、技術到文化，讓不只業務部門會在意客戶，開發部門也把客戶的痛點當成是自己的痛點，才算是徹底導入以客戶為中心的文化。

3 層次導入「以客戶為中心」的企業文化

· 掌握市場及競爭趨勢，深入了解消費者選擇的方式

· 選擇目標客戶需求市場，定義競爭戰場

· 建立商業案例 - 效益、投資、報酬概況

· 找出目標客戶在現有產品的旅程 / 接觸點

· 識別潛在市場、障礙、缺口與機會

· 從目標相關性、影響、成本、可行性方面，考量優先干預的措施

· 組織跨領域團隊發展解決方案

· 以敏捷小組開發初步產品 (MVP) 和接觸點最低可行體驗 (MVE)

· 不斷迭代優化

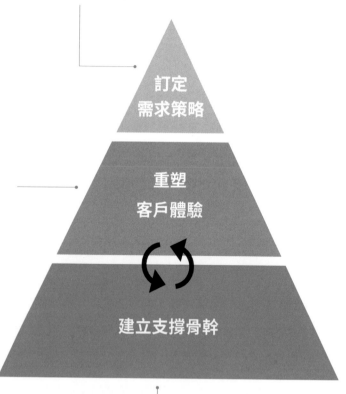

訂定
需求策略

重塑
客戶體驗

建立支撐骨幹

· 建立組織的結構、流程、技能、文化

· 建立技術：堆疊、工具、數據和分析

· 建立衡量指標，以追蹤及評估成果

當創辦人對「客戶最大」的意志很強烈時，公司內部就比較容易形成文化。例如西班牙最大超市 Mercadona，甚至要求員工在公司直接將客戶稱「老闆」；而亞馬遜也在內部會議中，刻意留一個空位，假想有個客戶坐在那裡。像這樣刻意採用某些工具或方法，來塑造「以客為尊」的情境，也值得參考。

打動人才：舞台與文化

你們已經熬過來了，現在也很順利。接下來的議題就是「找人」。Appier 跟許多新創公司不太一樣，你們的創始人團隊好像還挺穩定的。關於找人，有沒有遇到什麼挑戰？

與其說找人才，不如說找一個大家可以互相信任的團隊。我們幾個人在創辦 Appier 之前，都是很好的朋友，有非常強的信任基礎。我們也依這個概念，再去招募更多的核心夥伴。核心團隊的互動與合作，如果有比較強的信任基礎，就可以感染到整個管理團隊，再進一步感染到整個公司。初期的創始成員，以及創辦人之間的互信基礎，就變成公司很重要的基石。

剛才提到幾個很關鍵的字。第一，你不是把他們看成員工，而是視為夥伴。第二，你不斷強調信任，這個信任是雙向的，不是只有單向的，就

是互相信任是很重要的。

那遇到一流人才時，除了信任之外，要靠什麼東西來吸引他們？怎樣讓這些本來在外面有很好工作的人才，願意加入 Appier 一起打拚？

🌸 我自己也是技術出身，研究人工智慧，我拿到博士是 2010 年，那時 AI 還沒有那麼熱門。我的第一志願是當教職，我很努力發表論文，就是想要去當教職，那時候在美國教職年薪是 8 萬美金。第二志願是當微軟、Google 這些大公司的產業研究員，當時年薪 20 萬美金。第三志願是到華爾街當量化工程師，年薪可能也是幾十萬美金。

🔵 所以錢越多的，志願越後面。

🌸 為什麼會這樣？因為我覺得在教職繼續做研究，可以拿到有趣的專案，這是我的興趣。這是當年剛畢業時的浪漫。當然我覺得報酬也非常重要，但是更重要的是想要吸引一流的技術人才，或是產品人才，重點還是在你解決問題的能力，還有你處理事情的格局，能不能把創意帶到國際。我覺得這件事情非常重要。

我們公司在做事的方向就是，不論你在台灣或是其他區域上班，當你做出來的東西是可以賣到世界頂尖的客戶手中時，你造成的影響其實是很

大的。

這件事對我來講很重要，就是把當年的浪漫想法，轉移到我們要做的事情，我覺得這樣應該可以打動技術人才。

第二個我覺得重要的，就是公司成長之後，建立了一個非常兼容並蓄（inclusive）的文化。不論你的性別、年齡、國籍，甚至性向或是背景，我覺得在 Appier 都有一條你可以成長的道路。我們的團隊非常多元化、多國籍化，不論在哪個國家，你都有機會做到部門主管。我覺得我們可以吸引到好人才，這是滿重要的關鍵。

🅙 給人才一個國際發揮的舞台[4]，還有兼容並蓄的文化，你是靠提供舞台和文化這兩樣，吸引志同道合、願意跟你們打拚的夥伴。還有沒有其他要素？

✹ 我們幾個創辦人有個重要的共識，就是彼此間是無私的，一切以公司為主。在有機構投資人加入之前，我們並沒有股票選擇權[5]。有一天我想說，要跟其他共同創辦人提股票選擇權的話，我可能要跟大家解釋：我們每

---

4 可參閱本書第 9 章有關「雇主價值主張」的內容。
5 stock option pool ：是公司給特定員工在一段時間內享有購買公司股票的選擇權利。公司先提供員工一個股票的底價，在未來員工可自行選擇時機，購買公司事先承諾的股票配額。

個人拿出一些自己的股份分給員工，讓大家未來都能獲得長期的報酬，對大家都好。我本來已經想好了劇本，要如何說服創業夥伴，沒想到我一提，他們全都同意，這就是我們團隊的特質。也因為這樣，我覺得在長期來講，員工就能夠跟公司一起成長。

(JT) 這個讓我感觸很深。我服務過很多科技公司，有些公司在早期的時候，創辦人願意把自己的股權拿出來給員工，當然也可能有人覺得這樣對自己是不利的，可是長遠來看，等於是讓利，然後吸引了一流人才進來，最後讓公司有幾十倍、幾百倍的成長。這也是很多人才會重視的想法。也就是說，他們加入公司，希望有舞台可以發揮，另一方面也會希望報酬與貢獻，能夠有一定的比例。公司如果能成功，也代表個人成功。

✺ 是。

投資者也要帶來成長價值

(JT) 最後我們談一下「找錢」。現在對 Appier 來講，找錢相對來說不太需要煩惱，但對很多新創公司來講不是一件容易的事。尤其我常看到兩難的局面，就是公司需要資金，可是另外一方面，又怕找到的投資人對以後的經營有影響。

* 只要確定他是正向的影響就好了。我覺得，找投資人就跟找志同道合的夥伴一樣。當然如果明天薪水就發不出來，你那時候的選擇可能就不一樣。

除了理念上的認同，還有經營哲學上更重要的，可不可以從投資人身上學到東西？我覺得這些東西都是未來新創在成長上面，非常重要的一環。

一開始創立公司的時候，不管是客戶或是夥伴，網絡比較小，可以用股權得到夥伴。其實股權是最貴的成本，投資夥伴能夠給你多少資源？讓你有多少成長？不見得是生意上的成長，有時候是想法上或是能力上的成長，讓你可以帶著公司一直成長下去。他帶進一個客戶可能是暫時的，可是他如果讓你在能力及想法都有成長，是可以帶著你很久很久的。所以我覺得這是找投資夥伴，或是你的投資者，最重要的關鍵。

* 這的確帶給我們很大的啟發，找投資人不是說你去求他投資你，而是雙向，你也在找夥伴，所以不是只有他檢視你，你也要檢視他，確保他就算投資你，不是只有給你錢而已，會給你其他更多的東西。

* 我覺得很重要，企業一定是要獲利，也要成長。投資人是不是能夠看到我們的長期價值，以及未來需要投資的方向，這也很重要。

在我們的產業裡，商業模式有很多不同面向，像我們公司有比較成熟的營運模式，也有新的嘗試，我們在成熟的模式裡賺錢，然後投資在新點子上，這就是我們生意能夠做大的關鍵。

破關 Tips

- 新創初期較難吸引資深人才，但他們會出現在很多行業聚會和會展上，不妨主動出擊。

- 想開展生意，要從客戶的需求開始，去想應該提供什麼樣的產品，最後才去思考可以運用什麼樣的技術。

- 組織裡真正做決策的人，必須是能理解客戶需求、掌握資源的人。

- 想要顛覆市場，一定要比現有競爭者更創新，還要有解決問題的效率。

- 讓客戶認同，買你的服務是一種投資，而不是花費。

- 轉型以客戶為中心的 3 層思考：

  1. 訂定需求策略，選定目標市場。

  2. 從客戶體驗流程下手，沿著顧客旅程挖掘客戶的痛點。

  3. 強化公司內部組織能力，建立支撐骨幹。

- 當創辦人對「客戶最大」的意志很強烈時，就比較容易形成公司文化。

- 找核心人才要找可以互相信任的團隊。

- 用舞台與文化吸引志同道合的人才：看他解決問題的能力和處理事情的格局，公司則要建立兼容並蓄的文化。

- 找投資夥伴，要確定他會為公司帶來正向的影響，包括能帶來想法或能力上的成長，可以帶著你很久很久。

第 4 篇

轉型進行式

執行與優化

第一線的領導團隊要開始執行解決方案,指導員工新的工作方式,檢視是否有倒退回舊行為的情況,並採取計畫以嵌入新行為。這牽涉到領導力、流程和系統,以及績效管理制度。過程中時時要記住的是:我們希望下個月、明年、3 年後,能看到什麼行為?

此時建議要有專案管理辦公室(PMO)來管理進度、決定優先順序和時時對齊轉型目標,對於跨部門的轉型計畫尤其重要。由於計畫往往趕不上變化,故一定要保持「敏捷」,定期檢視,機動調整資源、時間、技術。

新創小公司
憑什麼跟大公司搶人才？

iKala（愛卡拉）是一家 AI 公司，2011 年成立，那一年程世嘉（Sega）30 歲，原本是做線上 KTV，十幾年來歷經多次業務轉型，目前專注於 AI 驅動的雲端服務及行銷科技等業務，員工約 200 位。

有一天我跟 Sega 討論到目前經營的主要挑戰，他毫不猶豫告訴我是「人才」。確實，吸引人才跟留住人才，是現在全世界企業的一大痛點，尤其新創企業如何跟大公司搶人才？我們來看看 iKala 有什麼獨特的做法或學習。

對談人

程世嘉　Sega

iKala 執行長

Profile： iKala 愛卡拉

成　　立／ 2011 年

創 辦 人／程世嘉（執行長）、龔師賢（技術長）、

　　　　　許茹嘉（財務長）、鄭鎧尹

主要服務／ AI 雲端轉型解決方案 iKala Cloud

　　　　　顧客數據平台 iKala CDP

　　　　　AI 網紅數據行銷 KOL Radar

成 績 單／　2020 GartnerAI 顧客分析最酷供應商

　　　　　　2021 入選國發會「台灣 Next Big」

　　　　　　（新創國家隊）計畫

　　　　　　2022 KPMG & HSBC「台灣前 10 大創新巨擘」

　　　　　　2022 Glints Best Employers Award 台灣唯一獲獎企業

🎮 Sega，我知道 iKala 花了很多力氣去考慮組織、人才跟文化的事情，你們公司是靠什麼來吸引人才的，有哪些地方你覺得做得特別好？

🎮 2011 年 iKala 剛創立的時候，其實我就一直很清楚，因為外界的變動已經非常快了，我們就覺得人才是一家公司的基礎。這個思維其實很重要，因為很多的創辦人，尤其是新創公司，他們會覺得產品或者技術是一家公司的基礎，或者商業模式、策略是一家公司的基礎，但那時候我就覺得這些都不是，我覺得是人才。所以我們一直都非常重視人才的招募、訓練和吸引。從 2011 年到現在，雖然我們經歷過很多次轉型，但我們的核心團隊其實一直都在，就是因為我們吸引到的人才，都具備非常強的適應力。

自由與責任的兩難

到了 2015、2016 年，我覺得我們對人才的重視應該要更具體化，而不只是到處跟人家講我們很重視人才，只有單點的溝通。我們重視人才表示我們重視文化，因為你找什麼樣的人才就形成什麼樣的文化，文化其實也是一個集體的慣性，所以前 30 個員工很重要，他們基本上決定了你未來公司的文化長什麼樣子。

很幸運的是，我們一開始找的特質，首重 open-minded，有一個成長心態，

所以我們的組織文化一直是非常鮮明的。只是到了 2015、2016 年時，我覺得有必要明確寫下公司的文化。我覺得我們公司的文化是「自由與責任」兩者兼具。因為我們早在疫情開始之前多年，從創立第一天開始就實行遠距工作（work from home）制度，所以我們的人才非常習慣遠端工作，在這樣的情況下，其實就賦予員工很多的自由，這是第一個。

第二個就是，相對的，你看不到員工時，要怎麼做管理？自然就是員工必須有責任感，我覺得自由與責任就像天秤一樣，形成我們公司文化的基礎。所以從 2015、2016 年以後，我們就以自由與責任，不斷的深化。到了 2018、2019 年，我們發現「雇主品牌」這個概念開始出現，大概是這樣一個歷程。

🆁 自由跟責任，顯然是一個兩難，你怎麼平衡？

✳ 這問題非常精準。一開始我真的是把自由與責任當成一個兩難，好像就是一個取捨（trade off），有了責任就沒有自由，有了自由就沒有責任。的確，在天秤兩端的話，可能是這樣的狀況，因為一家公司如果過度自由，那麼員工自然不會負起責任；可是如果一家公司全部都是威權式的領導，員工就不會發揮創意，導致你未來的增長也會出問題，因為你的創新速度會變慢，就會出問題。

但是最近我發現，最好的做法就是：增加自由的同時，也增加責任，兩者是可以並存的。我是經過這 3、4 年的體悟，才跳脫了這種二選一的難題。舉個例子，員工遠距辦公的時候，我們就會要求說，我們必須更加目標導向，也就是說我們要有更多遠端檢核的機制，對於 OKR、KPI 的檢視必須更詳細，並且要有正式的流程和節奏。也就是說，員工沒有進辦公室沒關係，但是我們對於目標導向的要求就要更清楚。

🔘 這是很好的例子，換句話說，就是在天秤的兩端同時各加 1 公斤、各加 2 公斤。

✳ 對，這是很好的比喻，它就會平衡。

🔘 你提到說，你們在 2018、2019 年開始體會到了「雇主價值主張」？

快速成長期，最重人才

✳ 因為 iKala 已成立超過 10 年，新創公司從第 5 到第 10 年，是一個滿關鍵的時期。第一，經過 5 年大概可以確定你可以存活，經過 10 年之後，大概可以確定你可以快速的增長；這個時候快速增長，最需要的其實就是人才。

2018、2019 年時，我們已經注意到市場有個趨勢，就是台灣人才的 pool（池，指數量）似乎在變小當中。一方面是因為新創很發達，加上台灣新創資金鏈和人才鏈都越來越完整，開公司蔚為風潮。那時我們就在想，要再進一步吸引人才的話，我們到底應該具備什麼樣的思維？

人才招募也有「顧客旅程」

這是一件當時我「知道自己並不知道的事情」，我就上網做了很多功課，了解那些比較先進的矽谷或歐美公司的商業體制，從網路上學到「employer branding」，「雇主品牌」這件事情，才知道原來它是一個很重要的概念，就是說，你的公司不只對客戶，對人才而言，也是一個品牌。所以你要把人才當作客戶來對待，這就出現了雇主品牌的概念。

所以雇主品牌的基本概念就是，必須用行銷思維來經營人才。以前我們

雇主價值主張（Employer Value Proposition, EVP）

雇主品牌就是雇主價值主張，核心概念就是把人才當成客戶來經營。企業對客戶會設計行銷手法，會針對不同的客戶分群，進行所謂的行銷 4P（產品、價格、通路、促銷），對人才也是一樣，我們可以針對不同人才的需求，提供不同的價值主張，來吸引他們為公司效力。

在工業時代，或者說在製造業、傳統企業的運作中，員工在生產線上的可取代性是非常高的；但是現在數位時代的人才，尤其我們做 AI（Articial Intelligence，人工智慧）和數位經濟，每個人才進到公司，所帶來的化學效應是完全不一樣的，因為現在跟以前生產線的運作模式完全不同了。所以我們在對人才做行銷思維的時候，真的要把他們當作客戶，我們必須把自己營造成一個「人才會想要為我們公司工作」的環境。

🟢 是，這在台灣當時應該算是挺領先的想法。現在即使在我們服務的大型領先客戶裡面，真正落實 EVP 的，老實講也並不太多。尤其對你們這種新創公司來講，你願意投資資源，花力氣去把人才當客戶來看，對外，你要服務你的客戶；對內，要服務你的人才，這其實會對你的管理造成挺大的負擔。但是你講的沒錯，沒有一流的人才，你就沒有辦法提供一流的客戶服務，所以我覺得這個想法是相當領先的。

那你也已經做了 2、3 年，在 EVP 方面有沒有什麼樣的學習或挑戰？

🌸 大家現在都碰到招募的難題，全球大缺工，所以老闆要先換思維。很多老闆在招募的時候還覺得說，職位是我開的，就業機會是我創造的，要來不來隨便你，比較站在買方市場的思維。但實際上現在比較屬於賣方市場，是很多工作在搶人，所以老闆的思維要先改變。我們現在對待人才其實是雙向的行銷，不只公司在評估你這個人到底適不適合我，人才也

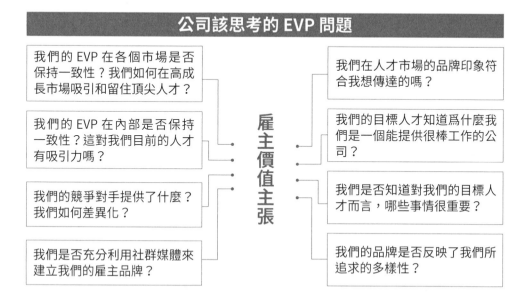

公司該思考的 EVP 問題

我們的 EVP 在各個市場是否保持一致性？我們如何在高成長市場吸引和留住頂尖人才？

我們的 EVP 在內部是否保持一致性？這對我們目前的人才有吸引力嗎？

我們的競爭對手提供了什麼？我們如何差異化？

我們是否充分利用社群媒體來建立我們的雇主品牌？

雇主價值主張

我們在人才市場的品牌印象符合我想傳達的嗎？

我們的目標人才知道為什麼我們是一個能提供很棒工作的公司？

我們是否知道對我們的目標人才而言，哪些事情很重要？

我們的品牌是否反映了我們所追求的多樣性？

同時在看你這個公司到底適不適合他，所以它其實是一個雙向的 pitch（行銷），這是第一點。我覺得這一點很重要，也是我一直灌輸給組織的概念，是我們做得好的地方。

第二，由於我們把人才當成顧客，顧客自然就會有顧客旅程[1]。我們就把人才的顧客旅程拆解出來，也就是說，從每一個人選要進來我們公司，他會在什麼地方認識我們公司，因為現在的管道非常破碎，有的是從社

---

1 Customer Journey，指顧客與品牌發生互動的所有環節，這些環節稱為「接觸點」，透過逐一檢視各個接觸點，來評估及優化客戶體驗。

群媒體，有的是從我們的官網，有的可能是從我個人的訪談，或者是我們發布的新聞稿，你會發現每個人選認識一家公司的角度和進入點完全不一樣。我們就把這些進入點全部找出來，確保我們在每一個接觸點，都把它優化到最好，那人選就對我們留下了最好的印象。這些我們都持續在做。確定雇用之後，就回歸到「用育留」的人事制度。

我覺得現在大家最需要注意的一件事情就是，人才其實會非常重視自己的成長，如果人才的成長速度超過公司，他就會離開公司，這是必然的。所以我們特別跟同事強調，也真的採取的作為，第一個就是，我們真的投資在人才培育上，舉辦大量課程、實施導師制度，以及後續的培訓，投資了大量金錢，為的就是確保人才跟公司必須一起成長，而不致造成人才跟公司的銜接斷層，進而造成人才流失。這是我覺得做得還算不錯的地方。

🇯🇹 這裡面有幾個挺好的想法。那你嘗試到現在，有沒有遇到什麼很難突破的挫折？

🐜 我想不管大企業或小公司，大部分應該都遇到人才招募和留任的挑戰，我們也面臨滿多的兩難，第一個就是，當人才已經這麼稀缺的時候，我們是不是還要堅持我們找人的標準，絕對不能放低？因為以我們公司發展的狀態，AI 剛好是市場上比較熱門的議題，所以其實現在是，只要有人，

EVP 在招募旅程中的接觸點與建議

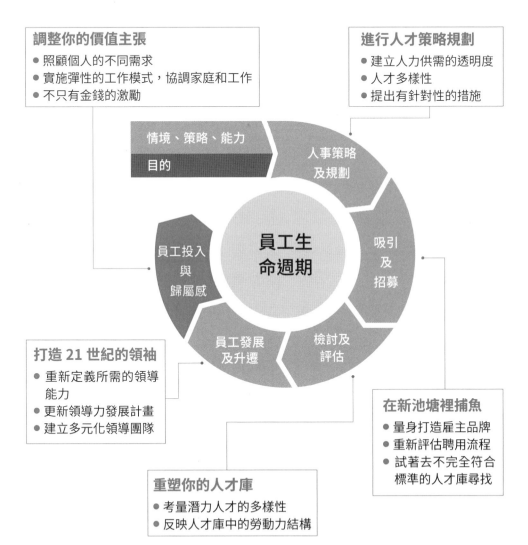

調整你的價值主張
- 照顧個人的不同需求
- 實施彈性的工作模式，協調家庭和工作
- 不只有金錢的激勵

進行人才策略規劃
- 建立人力供需的透明度
- 人才多樣性
- 提出有針對性的措施

情境、策略、能力
目的

人事策略
及規劃

員工投入
與
歸屬感

員工生
命週期

吸引
及
招募

員工發展
及升遷

檢討及
評估

打造 21 世紀的領袖
- 重新定義所需的領導能力
- 更新領導力發展計畫
- 建立多元化領導團隊

在新池塘裡捕魚
- 量身打造雇主品牌
- 重新評估聘用流程
- 試著去不完全符合標準的人才庫尋找

重塑你的人才庫
- 考量潛力人才的多樣性
- 反映人才庫中的勞動力結構

我們就一定有業務可以做，能找到多少人，我們就有多少業務可以做。所以我們就面臨這樣的兩難，就是我們該不該放低招募的標準，讓人快一點進來，要不然以我們以前的制度，錄取率很低，結果人進不來，業務也沒有了，到底應該怎麼取捨？

完整機制 vs. 敏捷創新

第二個就是，iKalat 成立已經超過 10 年，不能再稱自己是新創，我們在從一個新創轉型到一個成熟企業的過程當中，開始建立很多大公司的機制，但這個過程其實是很痛的。因為你一方面想要完整的機制，一方面又想要保留新創公司的彈性，因為你會擔心中長期的創新會無法持續，這也是我個人在最近的決策當中，深刻感受到的兩難。

目前我保持的哲學還是一樣，就是我覺得兩者是可以並存的，機制的存在一方面是為了防範錯誤，一方面是為了讓我們更有效率，我相信有效率還是有助於我們的創新。所以我在很多流程上面，第一個，不必要的流程不要，流程一定是為了確保更有效率，不要混亂、不要犯錯，同時要保留創新的精神在公司裡面。

🄹 你講到的這兩點都挺有意思的，第一點應該是指說人才的質跟量之間怎麼去拿捏，第二點，是機制跟公司的敏捷之間怎麼去拿捏。

🔲 對，沒錯。

🆃 第二點的部分，你有沒有嘗試一些有趣的做法？

🔲 如果我是做 B2C 的平台，像抖音、YouTube，那麼身為經營管理者，我看的就是統計數據；但因為我們是做 B2B，你要非常深入的去了解你的客戶需求是什麼。所以我們 2 年前就仿效了在矽谷的歐美企業，他們在客戶經營方面有比較成熟的做法，稱為「客戶至上」（customer obsession），這也是 Amazon 一直在講的理念，後來發現這的確非常適合拿來經營 B2B 的客戶。這就帶來了一些影響，有好有壞。

第一個就是，團隊其實非常專注在客戶的需求，當然不是答應客戶的全部需求，而是引導客戶跟我們一起找出最好的解決方案。但是這對於一家公司的創新或者文化，其實會有一定程度的影響。就是說，公司今天跟我說，我們要非常以客戶為導向，那是不是意味我們公司不用創新了？但其實不是這樣。因為工程師都很喜歡自己弄東西，我以前也是工程師出身，所以我知道那個感受。我覺得同仁會有這樣錯誤的觀念是因為，我們好像一直在滿足客戶，不讓大家有自由探索的空間。但其實到現在，我們在看客戶需求的時候，其實是市場跟客戶一起並行，就是說客戶需求是一方面，但是我們也在不斷觀察市場中長期的趨勢，所以我們還是會成立一些專案團隊，去做一些比較前瞻性的市場策略研究，也做一些

前期的 POC^2 開發。所以這兩者雖然是兩難，但我覺得還是可以並行。也就是說，當我們以客戶為導向的時候，牽涉到產品開發或者創新之間的兩難，一個是客戶為中心，一個是產品為中心，但是我們要在中間取得一個平衡點，讓兩邊都可以並行發展。

EVP 的六大面向

🔘 雖然我們 BCG 是服務比較大型的公司，但你做的很多事情，其實是很多領先公司正在推的。下面我談一下在「雇主價值主張」上，我們大概是怎麼帶的。

首先要思考，你的公司未來想要給人才承諾的雇主價值主張是什麼？這需要設計，這個設計主要會從六個面向來看，包括公司、工作、報酬、機會、人和文化。

然後你必須了解現在外面的人才跟內部的人才，是怎麼看你公司的，換句話說是我們所謂的基線（baseline），這是第二步。

有了理想，有了基線，中間就有差距。第三步就是識別出其中差距，並且設計相關的舉措來彌補這個差距。再來就開始實施了，就開始監測、開始改進，簡單講就分了這幾步。

至於 EVP 的六大面向，我再展開來說明：

第一點是公司，包括公司本身想要達到的 purpose（目的），或者稱為「初心」，就是這家公司為了什麼而存在？比如，是為了帶來更綠色的社會、創造更有生產力的生活等等，也包括公司的品牌知名度，或公司在產業界的地位，甚至包括你的財務狀況或你的產品。有些公司真的就靠一個產品，比方說蘋果公司（Apple Inc.）做的 iphone，光是想到可以在做 iphone 的公司工作這件事情，就已經可以吸引到很多人才。

第二點是工作。包括這個工作是不是需要很多創意？我是不是可以得到很大的授權？我可以決定自己要做什麼嗎？這個工作能不能讓我 work-life balance（工作與生活平衡）？或是這個工作是不是能對社會帶來貢獻等等。

第三是報酬。這個比較容易想像，就是包括薪資、獎金、福利等等。

第四個是機會。包括你個人的成長機會，你因為做了這個工作，將來會不會帶給你更好的工作？這個工作能不能讓你有機會到處去旅行等等，這種機會也包括在內。

---

2 Proof Of Concept，概念性驗證。指對某個點子進行較短期、不完整的實驗，以證明其可行性或原理。概念性驗證通常被認為具有里程碑意義。

第五大面向就是你組織裡面的人。包括老闆在業界的名聲或個人行為，或是同事的行為等等，這些其實也會讓人才思考這個工作是不是值得。

最後一個就是文化。比如你的公司是否有用人唯才（meritocracy）的文化？只要你有能力，只要你有展現功績，就算只來公司 1 年，就算很年輕，還是可以升官，這也是一種文化；有些公司標榜創業家文化，讓員工有很大的自主權可以做決定；有些公司甚至標榜多樣性（diversity）或包容性（inclusion），公司裡面對兩性是非常平等的，或者就算員工有不同性向或看法，也沒有任何問題。這些其實都是可以拿來對人才當賣點的組織文化。

我具體講一個我們以前客戶的案例。那是一家非常領先的世界級公司，它內部推 EVP 推了一段時間，我們當初進去看的時候，發現它推得不是很順利，並且發現有幾點確實值得改進。

首先對於「人才」，它以為人才只有一種。其實不是這樣子的，因為哪怕是工程師，你也會遇到比較需要創意的（比方跟軟體相關），或比較需要嚴謹的工程師。對人才做細分之後，你所要提供的雇主價值主張就應該不盡相同。

第二點就是在考慮 EVP 的時候，並沒有做到「端到端」，意思就是你雇

用之前對人才講的東西，跟雇用他之後的選用育留，並沒有做到一致，而且也沒有有效的監測，到底當初在他進公司之前，你答應他的事情，到他進來公司之後，不管是他的升等或獎金等等，你是不是真的有信守承諾，這是第二點它沒做好的。

第三點就是在宣傳方面，公司其實可以多著力一些。因為他們公司只有在校園徵才的時候，才把它的 EVP 展現出來，卻缺乏全面性的——不管是在公司官網、主管在對新進員工講話，或平常在開會的時候，公司並沒有全方位的展示他的 EVP，讓員工覺得這個 EVP 只有在當初校園徵才的時候看過，之後根本忘了，也不記得公司當時做了什麼樣的承諾，所以在宣傳上面沒有做到位，這是第三個問題。

EVP 不是一次性工程

● 我想以我們這種 bottom up（由下而上）的做法，其實一開始就是為了回答兩個問題，一個是人選的問題，人選會問：「我為什麼要為你這家公司工作？」；第二個就是問：「這對我有什麼好處？」站在解決問題的角度，我覺得 EVP 最終來說，就是要回答人選這兩個問題。

所以站在我的觀點，在檢視我們 EVP 有沒有做好的時候，我就會換位思考，自問：如果我是人選會怎麼看；同時我作為老闆，我有沒有辦法回

答他這兩個問題。推而廣之就是,我們整家公司有沒有辦法回答這兩個問題。

因為在我們做 EVP 更早之前,我就說過招募是全公司的責任,尤其現在大家都用很多社群媒體,以前都說「好事不出門,壞事傳千里」,其實現在這句話更為適用,現在是「好事難出門,壞事傳千里」。你只要在接觸點上稍微沒有做好,那些負面效應都是以十倍、百倍的速度在傳遞,我覺得這是現代雇主一定要注意到的一件事。

因為如果我們真的看很遠,去看過去一百年來人類工作環境的變化,從前我們跟人選講的是「我跟你講你要做什麼,你就來做就對了」,後來我們跟他講「要怎麼做」,到現在最終的型態是說「為什麼你要做這份工作」,讓我覺得現在的職場已經是一個完全不同的時代。這也是為什麼 EVP 在最近幾年開始掀起風潮,因為大家現在所尋求更重要的是工作的意義。

呼應你剛才的說法,我在這幾年也體認到 EVP 是可以架構化的。剛剛你分享的其實又更為有架構,我今天也學習到很多。舉例來說,我們整理了過去幾年在文化上培養的一些成果和案例,集結成一本企業文化書出版。這種東西到市場上,就可以讓人選非常清楚我這家公司在做些什麼,平常工作和生活是如何,這些就是現在人選常會關注的面向,所以我覺得把人選當作顧客,就是現在最重要的一個思維。

為公司打造獨特的 EVP

| 基線—現有 EVP 與缺口分析 | 創建和執行 EVP | 評估影響性 |

基線—現有 EVP 與缺口分析

創建和執行 EVP

評估影響性

內部研究
- EVP 建立者
- 員工調查
- 訪談領導團隊

外部研究
- 社交媒體
- 雇主標竿

確認需求
- 經由內部／外部市場研究，定義目標人才

創建
- 發展品牌定位
- 爲不同人才量身打造 EVP，包括內部和外部人才

執行
- 找出最合適的管道，以觸及每一類人才
- 必要時調整以強化訊息的傳遞
- 確保對外各部門（如 HR、行銷）的訊息一致

- 定義指標，以衡量及監測影響性
- 根據結果來調整 EVP 的訊息傳遞和活動

當然，如果我們從買方和賣方的角度，以及雇主和人選的角度來看，現在當然是很強的一個賣方市場，但是我覺得市場隨時在變，也許有一天疫後轉型的浪潮突然過了，市場可能又會變成買方市場，到時候雇主又可以挑最好的人才。所以我覺得人才市場仍然在快速的變化當中，買方、賣方市場也會持續的擺盪，但在這過程當中，「雙向行銷」這種思維是

現在一定要具備的。所以無論雇主也好，人才也好，新創或大公司也好，最重要的就是抱持一個思維，就是<u>互相尊重</u>。我覺得 EVP 在裡面就會扮演一個非常重要的角色。

🔘 我也拜讀了貴公司的企業文化書，看了真的挺感動的。尤其看得出來，你們花了很大的心力去總結到底人才對你們來講是什麼，你們憑什麼讓這些人才想要進 iKala，裡面真的有挺多精彩的小故事。

最後我想要提醒一下，因為既然把人才視為客戶，客戶是一直在變動的，人才也一直在變動，尤其所謂的 Z 世代[3]，他們的想法跟我們以前那一代是非常不一樣的，也包括疫情帶來的比較巨大的改變，變成遠端工作有時候是不可避免的，甚至跟你的上游、下游跟夥伴，都不像以前可以面對面的講話，所以有很多公司，就算過去已經開發出一套非常好的 EVP，執行得也非常好，但很多現在都在考慮轉型或是去<u>更新他們以前對人才的承諾</u>。原因很簡單，因為新的人才、新的環境之下，你對他舊的承諾可能已經無效了。所以 <u>EVP 這個事情，不是一個一次性工程，而是要不斷地再往前推進，不斷往前做</u>。

---

3 Gen Z，指在 1990 年代中後期至 2010 年代前期出生的人。

破關 Tips

- 你找什麼樣的人才就形成什麼樣的文化，文化其實是一種集體慣性。

- 前 30 個員工很重要，他們基本上決定了你未來公司的文化。

- 增加自由的同時，也增加責任，兩者是可以並存的。

- 員工遠距辦公，管理上可以更目標導向，也要有更多遠端檢核的機制。

- 公司在快速增長階段，最需要的就是人才。

- 雇主品牌（雇主價值主張）的基本概念就是，把人才當客戶對待，必須用行銷思維來經營人才。

- 經營者的思維應調整為：公司與人才之間是一種雙向的行銷，公司在評估人才，人才也同時在評估公司。

- 把招募人才時的「顧客旅程」中的接觸點優化到最好。

- 現在人才非常重視自己的成長，所以公司必須和人才同步成長。

- 建立管理機制的同時，減少其中不必要的流程，就有可能同時保留創新的彈性。

- 雇主價值主張（EVP）的六大面向：1. 公司（公司為了什麼而存在？）；2. 工作（如職能屬性、授權、或工作生活平衡）；3. 報酬；4. 機會（成長、社交或出差等機會）；5. 人（經營者、同事）；6. 組織文化。

- 執行 EVP 的幾個提醒：1. 對不同人才應提出訴求重點不同的雇主價值主張；2. 對人才信守招募時的承諾，並定期檢視；3. 利用各種場合，對員工一再展示公司的 EVP。

- EVP 不是一次性工程，尤其在面對 Z 世代及工作型態變遷下，企業應不斷檢視及更新 EVP。

用 KPI 管理，
如何不扼殺組織創意？

CoolBitX（庫幣科技）是全球虛擬貨幣冷錢包的前 3 大製造商（冷錢包是加密貨幣的線下儲存裝置，有如實體保險箱），主力產品 CoolWallet 已整合 10 條虛擬貨幣區塊鏈加入。另一專為虛擬貨幣交易所提供法遵軟體的產品線，已被 10 多國的 47 個交易所採用，更在日本擁有過半市占率。公司 2021 年營收成長了 160％以上。

庫幣從 2014 年的 8 人團隊，成長到目前的 80 位員工，組織膨脹為 3 個階層。創辦人兼執行長歐仕邁指出，當組織越來越大，需要導入績效管理指標，但如何兼顧團隊原有的創意活力？成為他很大的功課。

對談人

歐仕邁　Michael

CoolBitX 執行長

Profile： CoolBitX 庫幣科技

成　　立／2014 年

創 辦 人／歐仕邁

主要服務／虛擬貨幣冷錢包 CoolWallet

　　　　　虛擬貨幣交易所法遵軟體服務 Sygna Bridge

成 績 單／◯ 全球虛擬貨幣冷錢包前 3 大製造商

　　　　　◯ CoolWallet 用戶來自全球 100 多國，累積銷售達 30 萬張

　　　　　◯ Sygna 獲全球 47 個虛擬貨幣交易所採用

　　　　　◯ 2021 入選國發會「台灣 Next Big」（新創國家隊）計畫

JT Michael，請你簡單介紹一下庫幣科技？

● 庫幣科技最主要的產品叫 CoolWallet，CoolWallet 是一個虛擬貨幣的冷錢包，冷錢包就像是虛擬貨幣的實體保險箱，以防止虛擬貨幣被不肖駭客或不肖業者偷走。CoolWallet 是一張信用卡大小的卡片形式，有加密藍牙的通訊功能，用手機就可以直接操作。

JT 我知道 2020 年你們 B 輪募了 1,600 多萬美金 [1]，這個非常不容易，我可以想像你們過去這段時間一定成長非常快。

● 在拿了 B 輪融資之後，庫幣做了非常多事情，最主要是我們整合了 10 條公鏈 [2]，公鏈就是一條獨立的區塊鏈，像比特幣、以太坊都有自己的公鏈，我們整合 10 條公鏈的意義，就是可以迎接使用這些公鏈的幾百萬個新用戶，所以對我們來說，每增加一個公鏈，就打開了一個更大的市場。整合這 10 條公鏈之後，庫幣的營收從 2020 到 2021 年成長了 160% 以上。

我們在 2021 年也做了第 3 代的冷錢包叫 CoolWallet Pro，除了 10 幾條公鏈都可以在上面使用之外，也可以做像智能合約的交易或者是 NFT [3] 的儲存。我們另外一個產品線叫做 Sygna，是一個專門開發給虛擬貨幣交易所做法遵合規的軟體服務，現在全球已經有 47 個虛擬貨幣交易所客戶，橫跨 10 多個國家，在日本我們更是做到市場最大，超過 50% 的市占率。

🚇 在高速成長過程裡面，你看到的挑戰是什麼？

🏮 我想大部分公司都會遇到類似的挑戰：有位前輩跟我說，當你公司只有 8 個人、跟 80 個人的時候，組織運作方式會完全不一樣。我們就深刻體會到這個挑戰。只有 8 個人的時候，大家討論、執行任何事情，效率都非常高，因為大家就坐在同一個辦公室裡，要做什麼事可以很快就有共識。

當我們成長到 30 個人，組織變成 3 層。CEO、中階主管、執行團隊。這時候執行效率也相對不錯，因為中階主管們也都是從創業開始，很有默契，大家對公司的方向非常清楚。到 B 輪增資完成之後，現在公司已經有 80 個人。但我們就發現，請來的人雖然過了重重面試關卡，確定他的能力、反應都還不錯，但還是會遇到要如何讓大家在同一個方向上，這變成一個挑戰。有時候我想的怎麼跟執行團隊執行出來的方向好像有點不一樣。這時候才發現，可能是我跟中階主管溝通，中階主管再往下溝通的過程，只要方向偏了幾度，最後執行出來的方向就會偏得很遠。

🚇 沒錯。

---

1 2020 年初，日本 SBI 集團領投，行政院國家發展基金、韓國加密貨幣交易所 BitSonic 與日本 Monex 金融集團跟投，總額 1,675 萬美元（約合台幣 5 億元）。
2 區塊鏈網路分為公鏈、私有鏈和聯盟鏈。公鏈是向所有人開放的系統，任何人都可以自由加入和退出，人人都可以成為系統中的節點、驗證者、使用者，所有數據記錄公開透明，是完全去中心化的區塊鏈。
3 非同質化代幣（Non-Fungible Token）是一種儲存在區塊鏈（數位帳本）上的資料單位，它可以代表藝術品等獨一無二的數位資產。

每天早上的 daily creative 分享活動

✳ 所以我也在試圖解決這個問題，例如我們最近在執行的 daily creative（每日創意），由我親自帶著行銷部跟業務部主管以及執行團隊，每天早上 9 點，<u>大家分享昨天每個人在他自己所參與的幣圈社群，有可能是不同語系或者是不同公鏈、不同應用、不同生態，就那個群體裡面，昨天討論最熱門的話題是什麼？或者最重要的新聞是什麼？以及這個新聞為什麼對幣圈或者對公司影響很大。公司要如何對這個新聞作出反應，以及用什麼方式來跟不同的渠道、不同的受眾去溝通我們的反應。</u>

藉由這整個活動，我們就可以同時達到很多不同的效果。首先，藉由這個活動讓所有參與的團隊，有的資深、有的資淺，資淺的就可以去理解資深的人在想什麼事情，他的思路是什麼；資深的人也可以有時候跳脫框架去理解，如果是新人他會怎麼想，就會有一些比較有創意的東西；同時又讓大家每天沉浸在最新的新聞裡面，知道整個產業發生了什麼事情，同時又可以非常快速的讓公司訂出方向。這一週或是今天我們對外的一致訊息是什麼？這樣的方法我覺得目前來看是還滿有成效的，執行的團隊也覺得這方法很好。

JT 你剛才點到一個挺有趣的事情，就是當組織越來越大的時候，怎麼保持組織的創意活力或是保持組織的效率？這是經營者一定會遇到的問題，

中間當然你可以用 KPI、用獎懲去訂這些東西，反正 SOP 講什麼，員工就跟著做什麼，可是缺點是，你就會失去你的活力、你的創意。

所以你現在就面臨一個兩難，就是怎麼樣在高度增長的過程裡面，可以保持組織成員是可以自由發想的，而且自由發想的東西可以有效的落實。你現在的 daily creative 活動，是一個挺好的做法，我再延伸一下，這個在很多大公司其實就是所謂的「敏捷」的工作方式。因為你們現在的業務相對還是比較單純，可是你想想等到以後，庫幣變成 800 人、8000 人的時候，你的業務不會只有一種，可能會是現在的 5 倍以上，然後你服務的客戶群也不會只有一種，你可能服務很多不同的客戶群，那個時候，你就不太可能每天親自出席 daily creative，對吧？所以你慢慢的就會變成需要有很多不同的小群，每一群可能每天做一個 daily creative，這個在敏捷裡面，其實就叫 daily standup（每日站立會議）。

第二個不太一樣的地方就是，你是帶著中階主管一起討論，未來甚至有可能加入外部的元素，你可能有時要請你服務的目標對象加入討論，然後把你們現在最新的想法呈現給他，請他談一談這個想法有沒有解決到他的痛點；然後目標客戶會跟我們回應說，這個東西哪裡做得好，哪裡做不好；你就可以再回去滾動你的產品開發。這個人就是外部的元素，這可能是一個你們可以考慮的方式。

平台型組織與創投思維

當公司再大一點，又會有一個問題。很多時候，開發團隊散在各地，不是最有效率的方式，因為可能有很多不同的小團隊，他們要的程式語言都是固定的，但你不可能把所有 R&D（研究發展）團隊分到每個小群去，因為這樣不是最有效率的。所以等到公司更大的時候，你就會發現公司裡面有兩種組織，一個是越小越敏捷，越貼近客戶越好；另外一個是要有一定規模可能比較好。組織慢慢就會變成兩個方向，這個就是我們在講的「平台型組織」。意思是什麼？就是我們前台有很多不同的小群體，它可以動很快，而且可以圍繞著不同目標客戶的痛點或需求，這些我們叫「前台」，是敏捷裡的前端組織。

後端可能就有一些平台，比方說製造、採購、物流平台，就是那些要有「規模」才會更有效益的功能。所以就是前台有好幾個敏捷小組，後端有幾個比較大的平台。

方向有了之後，還有一個問題要解決，就是這些大平台怎麼有效的服務小的敏捷組織？假設你公司有 800 個人，你的 R&D 團隊可能是 300 個人，那這 300 個人他會承接來自前端不同的小組織開來的需求，那我到底應該優先滿足誰？或是要投入多少資源給誰？我的專案要怎麼分配？這是另外一個非常重要的要素，你必須去找出答案。

所以在有些組織裡面,我們會建議設立一個委員會組織,來控制平台的資源怎麼分配。委員會成員可能就是 CEO、CFO 之類的主管,他們會用什麼方式來分配呢?有些公司會用一種類似創投(VC)的方式,他們會把前端的小組織視為不同的小公司,CEO 等於是 VC 的頭。而你在分配投資資源的時候,你的心態是什麼?你無法保證 10 個投資,10 個都會成功,因為很難。你會期待有 2 到 3 個全壘打,有 3 到 5 個還 OK,剩下幾個是會失敗的,就是我賭錯的。有這種心態,其實就可以讓你去思考,平台資源是固定的,我該怎麼去分配給這 10 家公司?

我剛才講的概念:前台有小微組織,然後有平台部門,後面有一個分配資源的委員會,這三層會是大組織保持活力的一個可能的做法。

🏵 我覺得你比喻得很好,就是我們最上面管理階層像在做 VC 的投資。我們做的每一個決策就有點像在投資,雖然投資的不是錢,但是你投資的人力其實等於錢。所以我們的確在執行任何方向的時候,都像是一個賭注,我壓在這上面做這個功能,會不會帶來新的客戶、新的營收?

的確,我們每天在做的決策就是,到底哪一個工作要放在最前面。如同你說的,就像 VC 一樣,可能投了 100 家公司,最終只要好比說 5 家真的中了,回收 100 倍,那就賺了。

平台化組織的特徵

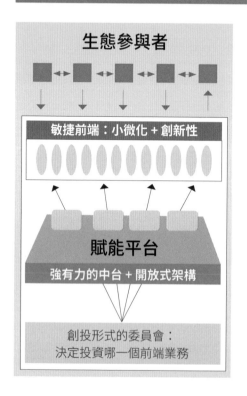

● 數量眾多且規模較小的自主型前端，一般由跨職能部門的人員組成，在被賦予自主權同時，也承擔全部或部分盈虧

● 大規模支撐平台建立標準且簡潔易用的介面，使每個職能模組化；形成資源池，便於資源分享；根據業務發展需求，形成新特色及新能力

● 借力生態體系使生態系統內的企業能夠互相影響，共同治理，相互合作，進而更有機會創造更大的價值

● 自下而上的創業精神，專案、產品、創意等由小前端啟動，並使用創業投資型機制 (VC) 和內部自由市場機制來配置資源，管理者給予更多的授權

KPI 與心理驅動因子

🗾 沒錯。然後你慢慢會發現，等公司越來越大的時候，CEO 很難去驅動所有的產品或客戶群的方向，你必須很大的程度是交給各個小團隊，讓團隊圍繞著他的目標客戶群去思考，我的客戶到底要什麼？我怎麼樣能夠持續消除他的痛點，不斷的進化？這個時候，你再深層去考慮，身為管

理者，你的目的已經越來越不是領著大家，跟大家講說你要怎麼做，因為很難。你慢慢會變成更像是<u>資源的控制者</u>，那你就要去思考，我怎麼樣可以確保每個小團隊有活力、有動機，想要把他的事情做好。

再來就是我剛才提到的，怎麼樣把平台資源做有效的分配，你扮演資源分配者這種角色的成分會越來越大。甚至有些公司乾脆真的把每一個前端的小團隊變成小公司，然後給他一個相對的激勵。比方說如果今天他負責某個產品，他的分紅很大一部分是跟該產品的營收或利潤掛勾。這有一個好處就是，除了讓大家很敏捷之外，你其實給大家相對的激勵，會希望把事情做成功，所以 ownership（當責意識）上來了。<u>整個激勵設計是 CEO 很重要的工作</u>，這也回答你剛才在煩惱的，公司怎麼樣能夠在快速成長之下，還是有辦法保持一定的活力。

※ 剛剛你提到 KPI 這件事。當然管理組織就是幫他設目標、設 KPI，他理應就會往 KPI 方向去。我們當然也有設定各部門的 KPI 和獎勵機制，但為什麼我還是會常常親自下去協助大家調整他們的思考或者做事的方式，有一點稍微偏 micromanagement（微管理），就是因為這個產業變化速度很快。有時候 KPI 的設計盲點會是，為了達到 KPI，但你使用的方法可能是有點歪掉的，就算短期內滿足了我們的 KPI 要求，但是長期是不利於公司成長的。所以我覺得設目標之外，我們面臨的是<u>不能光看數字，也需要去看他的品質</u>。

JT 對，沒錯。越大的公司，這種問題就會越大。公司小的時候，其實就是幾年前的你們，一堆年輕人有自己的夢想，然後看著公司成長茁壯，心理滿足感很大。那個時候說真的，大家也不會那麼計較一些獎金的計算等等的，因為大家畢竟都在同一條船上面。

可是當你從現在 80 個擴充到 800 個人，裡面一定會有很多人來你們公司，只是為了一份工作，那他一定會希望他今天的付出，是能夠實質上看到回報的。所以當今天公司裡面又有比較死板的 KPI，不可避免的，大家就會看 KPI 來做事，這個本來就是在設計 KPI 上面比較大的弊病，所以也有很多公司開始檢討所謂的 KPI 制度到底對不對。有些公司可能更偏向用 OKR，就是用一個比較軟性的做法，員工自己去訂目標，用這種方式來更有效激勵大家。這兩者沒有絕對對或錯，每一個做法都會有正跟負的效果。

這個東西倒不一定跟公司規模有絕對的關係，沒有人規定說公司上萬人，就要用很細的 KPI 規定每個人每天要幹什麼。像我們 BCG 全球 2 萬多個人，但我們肯定不是每天看著 KPI 幹活的。但是我們又有一個很強的文化，一個標準，我知道我在做什麼事情，我要達到哪個標準。或者這麼比喻，我們比較像是職業選手，每個職業選手其實很知道他自己要在什麼地方做好，當然很多東西都有測量的 KPI，可是他今天在打球，要把球打好，不是因為他腦子裡只想著打擊率，而是他知道他就是要有表現，

只是最終會顯現在 KPI 上。他不會說為了打擊率，或是為了要打很多全壘打，所以他每天是怎麼打球，驅動他的心理層面的要素不會是絕對的。

所以隨著你公司慢慢成長，你的激勵制度到底要怎麼跟著動？你怎麼去驅動你的公司？怎麼設計組織？我想你會遇到很多不同的流派，比方說希望完全靠文化驅動，或在選人的時候就要選到跟你價值觀一致的人。沒有對或錯，都有好跟壞。

◼ 剛剛我為什麼提到 KPI 這件事情，需要額外去觀察他的做事方式跟他的品質，不能只看數字，就是因為我發現光看 KPI，會產生一些沒有預想到的問題，也是發現這些問題之後，才開始去看得更細，來試圖在達到我們要的數字目標的同時，也顧到品質。

你剛剛講到文化或是價值觀，這件事情我覺得是相對抽象的。因為就算我們今天很聊得來，但是因為產業變化的速度快、方向太多，幣圈裡面又有太多不同的信仰和理念，因為我們是做冷錢包，我們需要的是每個人都有自己的信仰。好比有人就覺得只會有比特幣獨大，其他的都是山寨幣，都不應該存在；也有人堅信以太坊會最大，有人專門玩 DeFi[4] 或專門玩 NFT，每個人都在他的理念裡面有他自己的社群，這些圈子有時候甚至鄙視彼此。

有人就覺得你這個 NFT 根本就是一張圖片嘛，但也有人覺得 NFT 是跨時代的發明。那為什麼我會說，我們在 KPI 之外，需要去看更細？就是因為我們需要去確保每一個人他看的面向、他的思考方式。雖然要有自己的想法，但是他得用更高的角度，去看這整個市場的變化。如果你說以太坊會最大，專門只做以太坊的事情，也很了解以太坊的用戶，但你是不是忽略了其他幾塊高速成長的市場，你可能沒有看到它過去一年成長了 20 倍、30 倍的人口。它跟你的理念不同，那難道我們要錯過這樣的機會？對我們來說，不行。所以我們就要更細的去看，大家有沒有想得夠全面。

創意可以用 KPI 來驅動嗎？

🔵 了解。當然，因為你們公司的性質，幣圈裡面發生什麼事情，你們最好都要知道一點。

關於創新有兩個流派，一派主張要有 KPI 的引導，讓組織大家會想要創新。經典的例子就是，從點子到試作品（prototype）再到最後成熟的產品上市，要沿著不同的階段，給不同的 KPI。我舉例，就是你要求你的團隊 1 個月要想出 3 個點子，不超過 3 個點子的可能就扣分，超過的就加分；那 3 個點子裡面，要有 1 個到 2 個點子是被你批准，可以去試做 prototype 的；然後 3 個月一定要有一個產品是可以推到我的平台上市的。

就是你可以用這種方式去訂 KPI，然後利用獎懲來驅動組織，強迫他創新，這是一種思考邏輯，或者是一種流派。

另一種流派覺得，創意這種東西不可能用 KPI 來限制。你如果用 KPI 來管，到後來人家只會為了應付 KPI 而做，就捨本逐末了。到底創意可不可以用 KPI 來刺激？還是你覺得不應該這麼做？

⬛ 我個人認為不應該用 KPI，但是應該用 daily practice，就是應該用「行為」去讓大家自然而然的產出創意。像我前面提到的 daily creative 這件事情，我們要的不是他為了交差而交差，為了拿 KPI 而敷衍了事。我覺得 daily creative 最好的地方就是，它讓每一個人被這個環境跟這個制度要求，他必須給 input，不管他過去一天到底聽了什麼、看了什麼，他被強迫必須要思考，因為你在那個環境裡面，你，其實非常明顯，坐著一圈人，一個講完換下一個講，誰有沒有在思考，所有人都聽得出來。它又會達到一個效果是，同儕壓力，一整個小組同時在做這件事情，他的壓力是來自於同儕。他發現有些人想法很棒，那他可能就被激發說，我怎麼可能輸你？我一定比你聰明。

🔵 這個很有意思。怎麼去創造一個文化，其實是一個 CEO 遲早要回答的問

4　去中心化金融，包括所有運用區塊鏈技術打造的金融服務，如加密貨幣、NFT（非同質化代幣）等。

題。你想想看，很多公司文化是怎麼創造出來的？老闆先提一個理念出來，然後每天灌輸大家這個想法，每天講、每天溝通，希望哪一天灌輸這個文化到員工的心裡面，很典型對吧？經營者希望藉由宣導產生文化，文化來改變員工的行為。但 BCG 不太相信這樣子，至少過去的經驗告訴我們，你要創造企業文化，最好的方法是先改變行為。所以像你親自帶著大家做 daily creative，就是一個行為的改變。

你利用一些同儕壓力，或規定大家要輪流講一圈也好，用這個事情讓大家慢慢形成一個習慣，1、2 天或是 1、2 個月，可能還看不到結果，可是如果做 1 年、2 年、3 年，以後新來的員工大家都知道，每天早上就要跟著你滾這個東西。等到哪一天你公司太大了，你根本不可能帶著每一個人都這麼做的時候，他們下面還是會有好幾個圈去做這個事情。這個其實就是你用行為來製造文化，然後這個文化就開始滾起來，不是用 KPI 去規定大家要去了解幣圈的知識，而是你用以身作則的方式，來獎勵大家有這個行為，然後讓這個行為慢慢變成文化。

當然這個方式可以用在很多地方，比方說你希望有守時的文化，很多人的做法是什麼？遲到罰錢，不敢說這種規定沒用，但最有用的是什麼？每次開會前 15 分鐘，董事長就先坐在會議室裡面，以後就沒有人敢遲到了。

破關 Tips

- 庫幣科技以每天早上 9 點的 daily creative 進行內部分享，讓資深、資淺同仁交流觀點，同時能激發創新及應變策略。

- 內部討論活動可加入外部的元素，例如邀請用戶加入討論，以優化產品開發。

- 大組織保持活力的 3 層架構：前台敏捷小組可快速因應市場、回應客戶；後台打造「平台型組織」，如製造、採購、物流，以符合規模化效益。設立委員會組織，以創投心態來控管平台的資源分配。

- 公司越大，CEO 扮演資源分配者的角色就越重。同時透過激勵制度設計，保持內部活力。

- 職業選手要把球打好，不是因為他腦子裡只想著打擊率，而是他知道他就是要有表現，只是最終會顯現在 KPI 上。

- 你要創造企業文化，最好的方法是先改變行為。

公司活得好好的，
該持續推動變革嗎？

Teach For Taiwan（TFT）「為台灣而教」是一個致力於解決教育不平等的非營利組織（NGO）。TFT 招募有使命的青年投入高需求地區的小學，擔任 2 年全職教師。2013 年至今已累計送出超過 300 位計畫成員，到全台 9 個縣市、80 所學校，影響超過 6 千位學童。TFT 的概念與模式啟發自 Teach For All 國際組織，目前在全球各地，以「Teach For」模式獨立運作的非營利組織已超過 60 個國家。

TFT 成立初期就導入許多數位工具，也早就推動敏捷，將組織扁平化，以加快決策速度並破除穀倉效應。敏捷轉型確實在疫情爆發時見到成效，然而，回歸常態後，創辦人劉安婷卻陷入兩難：組織運作順暢，該繼續推動變革嗎？

對談人

劉安婷

Teach For Taiwan 董事長

Profile： Teach For Taiwan（TFT, 為台灣而教）

成　　立／2013 年

創 辦 人／劉安婷

主要服務／培育卓越且有使命感的教師與領導者，與高需求地區協力創造優
　　　　　質的教育環境，帶動一個為孩子的公平發展機會而努力的運動

成 績 單／○培育並送出超過 300 位跨領域人才到高需求地區擔任 2 年全職
　　　　　教師，其中有超過 80% 的成員在結束計畫後，持續投入改善教
　　　　　育不平等的工作

　　　　　○支持全台灣超過 6,000 位小學生

🌀 TFT 帶年輕人到高需求地區陪伴孩子學習跟成長，是非常有意義的事業。TFT 的現況如何？

🌸 TFT 在台灣是個基金會，但我們自我定位是個新創。我們在台北辦公室有 50 人左右，每年在第一線的老師大概共有 100 到 120 位。

我們也很重視我們的校友，他們進來 TFT 計畫，也經過滿激烈的競爭甄選，錄取率 6%-7% 左右，他們真的很優秀，80% 都來自跨領域的背景，學工程、設計、醫學、社會科學、語言等等都有，也有海外經驗、企業經驗、社區經驗的。他們結束 2 年計畫之後，有些人回到企業，有些創業，有些人留在第一線，甚至把創新帶到學校裡面。這些不同的校友，2 年之後怎麼樣發揮影響力，是我們重視的另外一個議題。

現在約 300 位校友，服務累計約 6 千位孩子，我們服務的是小學的孩子，最大的現在已經大學了，所以甚至有我們的學生已經在思考未來要回來當我們的計畫成員，開始形成一個循環的生態。

🌀 我第一次見到安婷，是在很多年前台大的課上。我那時才知道原來有挺多國際的一流年輕人才，都會選擇各個國家的 Teach For All[1] 去待個 2 年，而且這 2 年經驗對很多國家的公司來講，是非常有價值的經驗。這有點顛覆傳統看履歷表的概念，是高端人才一個挺潮的經歷跟做法。

我知道你也提過一個叫做 NGO 2.0，那是什麼樣的概念？

企業與非營利組織的交會

🏵 大概從創立前期，我個人就先用 NGO 2.0 來作為挑戰自己的高期許。意思是說，其實基金會或慈善組織這種型態，在台灣本來就非常活躍，一直是我們的資產。不過非營利組織的經營，似乎跟著時代以及跨域的知識，是可以有些升級。

我一直印象深刻的是，管理大師詹姆·柯林斯（Jim Collins）在《A 到 A+》的社會領域版中特別提到，NGO 如果要升級，並不是都要變得像企業，而是說，不管是 NGO 或者企業，其實都在談卓越組織；組織包含人、挑戰的目標，這些卓越的目標要如何透過組織力量去管理和達成。簡單來說，是一個自我挑戰跟期許。慈善並不是只有熱血跟愛心而已。就像彼得·杜拉克（Peter Ferdinand Drucker）說的，21 世紀是非營利組織的世代，也提及非營利組織是格外需要管理的。

🆃 這很有意思。最近越來越多營利組織都認為 ESG[2] 很重要、社會貢獻很重要，所以營利組織有點朝著你們這邊走，而你們也在學習營利組織的一些好處。

---

1 2007 年發起，願景在使所有兒童都能獲得教育、支持和機會，以塑造更美好的未來。現已發展到 6 大洲 60 個國家，包括 TFT。

你剛剛提到管理的提升，這裡面是不是也包括數位化？

🟤 沒錯。我們是台灣最早期有幸引進像 Salesforce 這樣非常大型的 CRM 系統的非營利組織，也非常早期就採用國際新創界的一些工具，像專案管理工具 Asana、溝通工具 Slack、Google 雲端。

🔵 所以不外乎也是希望藉由這些數位工具，讓你們的管理效率提升，能更有效利用你們拿到或是人家捐贈的資源。

🟤 是。放大有限資源的最大影響力。

🔵 這樣的話，你們應該會遇到很多營利事業也會遇到的問題。因為你們越來越數位，相信你們也遇到很多比方說組織怎麼樣能夠更敏捷，不同部門之間怎麼協作的問題。這方面有沒有遇到一些挑戰或痛點？

🟤 是，只要是組織就有問題。我們新創一開始都被預設（by default）要敏捷，速度要很快，不然就被淘汰了。但是我們在第 5、6 年左右，開始有比較完整的組織架構，員工大概 40 個人，分 3 個部門 11 個組，專業分工越來越細緻，當然有它的原因跟脈絡。但是確實看到 JT 所說的，層級變得比較複雜了，要做一個改變時，從小組討論到部門討論，再到跨部門、甚至到董事會討論，這樣下來，決策速度是慢的。

TFT 的挑戰與變革

再加上有時候可能出現 Silo Effect[3]（穀倉效應）—— 各個部門之間缺乏有效的機制，可以彼此理解跟溝通，而各自的目標說不定有一些矛盾，以致看起來好像比起草創期間穩健一些，可是面對改變的能力，速度卻沒有那麼快了；心態也變得有點保守，不一定那麼擁抱新的挑戰。

所以我們在疫情前，就希望對組織的設計做一些調整，後來就把組別這個層級合併，以 3 大專業區分部門，改專案制，每個專案有不同部門的人來組隊。

可是一開始的時候，原本在組長這個階層的夥伴會覺得困惑，說他的職涯發展路徑是不是就中斷了呢？當我們變得越來越扁平的時候，未來性在哪裡呢？公平性在哪裡呢？大家都認同要面對改變，可是「敏捷」聽起來就是要跑得很快，那跑得越快，好像有點喘呢！就是好像一直衝一直衝，並沒有辦法很好的找到一個比較健康的工作節奏跟平衡。這個議題就是我們在變敏捷的過程裡面，所謂的「變革管理」吧。

---

2 2004 年聯合國全球盟約（UN Global Compact）提出，以環境保護（Environment）、社會責任（Social）和公司治理（Governance）做為企業永續經營的績效指標。

3 由英國《金融時報》（Financial Times）執行主編吉蓮・邰蒂（Gillian Tett）所提出。穀倉效應是一種文化現象，形容組織內專業分工的小群體就像一間間穀倉，員工埋頭工作，鮮少與其他群體溝通協作，反而造成組織競爭力低落。

JT 那表示你們基本上已經各就定位，已經知道在幹嘛了，現在只是在越做越好的過程裡面，是吧？

※ 相對來說是的，但總是發現新的困難。

我們是疫情之前剛好開始想組織調整這件事，疫情一來，對教育界來說最明顯有感的，就是差不多兩年前[4]，教育部臨時宣布隔天就要全國停課，只給學校不到半天的時間因應，每個家長都手忙腳亂，更何況是偏鄉學校。

那一天是非常有體感的，我們 TFT 叫它做「敏捷的期中考」。可以明顯的看到我們的團隊在短時間內放下手邊的工作，重新調整隊形。比方說有學生還沒有平板硬體，我們在 48 小時內就完成專案募款，募了幾百萬，然後完成需求調查、物流設計、和相關捐款人的溝通跟連繫，以及完成對外的說明。48 小時內，平板就出現在我們的孩子面前。這對大家來說是一個很大的振奮，了解「敏捷」是真的有必要，並不只是一個口號。

但現在慢慢進入後疫情時代，就少了一個明顯的動力（impetus），一個一定要改變的原因，所以我們開始重新問一次說，到底敏捷是什麼呢？為什麼一定要更敏捷呢？在沒有那麼大的危機感的時候，要繼續推動敏捷的動能，以及哪方面還需要去做改變，畢竟人的慣性是不想要一直改變的，所以到底為什麼要繼續改變呢？這是我們持續在回答的問題。

找出持續變革的理由

🔵 我想這是一個非常好的例子。在變革管理上，至少你們組織 2 年多前體會過一個變革的小成就感，所以大家知道說，原來我們之前為了變革，準備這個事情並沒有白費。你現在遇到的痛點就是，那個時期一過，大家開始慢慢又回到「安逸」的狀態，喜歡每天過一樣的生活，而你當初希望組織彈性或敏捷能夠固化在你們的工作文化上面，這個事情遇到一些挑戰。

通常我們看到初期都是 CEO 或是深謀遠見的領導者，看到公司必須變革。可是這時候會遇到兩難：如果都不推變革，大家很高興沒錯，可是這對組織未來是有危險的；但推得太用力，大家又會說，奇怪，現在就好好的，你沒事找事做幹什麼？

在你的例子來講，你看到那麼多不確定因素了，如果組織再不敏捷的話，以後大家不能應對挑戰。可是一開始看到問題的一定只有你，對吧？

🔴 我有一份個人的敏捷筆記本，當我感受到好像有這樣的需要，就到處去讀各式各樣的文獻、書籍、案例，記了非常多東西，時不時就像個傳教士一樣，跟我的幹部和員工們說再不敏捷的危險性。一開始的反應，坦白

---

4 指教育部為因應當時國內疫情警戒升級，宣布自 2021 年 5 月 19 日起，全國各級學校停止到校上課。

說是讓我挺灰心的，因為大家會覺得你怎麼在唱衰大家呢？大家不是很努力了嗎？你怎麼好像在嫌我們。其實這是完全不一樣的動機，我完全沒有嫌大家，只是想要去帶動一個可能很重要的改變，但我夾在中間，我怎麼樣不會眾叛親離，談改變談到反而組織都走不下去了；可是怎麼樣又不會因為不改變，而帶來更長遠的風險跟危險。

從這樣的起始點，到現在是「由下而上」，甚至是同仁來告訴我說「我覺得敏捷可以怎麼做」，至少是 3 年的一個過程，中間經歷了非常多的挫敗，但我覺得很關鍵的是，不斷的去學習跟不斷的雙向真誠的對話。我覺得 CEO 要換位思考，是特別需要刻意練習的事情。

🅙 可不可以這麼理解，就是你初期在推著大家改變的時候，你其實也不斷站在他們的立場去想，知道他們很為難，用這種感同身受去跟他們溝通，聽他們的聲音。

🏵 是，而且就是透過這些感同身受，找到大家共同的語言。例如我找到其中一個推動敏捷的領導者的說法是，其實敏捷不是一味的求速度（speed），敏捷是穩定（stability）加速度。比方 iPhone，你的硬體總是要有它的穩定性，但它上面的 App 可以不斷更新，所以我們要去分辨。大家不用擔心說，一旦敏捷，什麼東西都要快得不得了，不是制度三天兩頭改來改去，不是這樣的。

🔵 我們平常幫助企業做轉型變革，通常分兩個部分，第一個是整個轉型到底要轉到哪裡？路徑圖是什麼？比較像是 what 的部分。對照你的例子，就是你認為組織要變得更敏捷，你也提到為什麼要轉，因為就是環境變動越來越大。這你是清楚的。

比較難的是第二個部分，就是 how 的部分，就是所謂的「變革管理」。變革管理意思就是說，今天你已經知道要從 A 點變到 B 點了，可是怎麼樣拉著一個團隊做改變。

我們通常在考慮變革管理的時候，大概有 4 個重要的組成：

變革管理要素 1：期待的文化

第一個是<u>你想要塑造的文化（desire culture）</u>。像你現在希望變敏捷，那到底敏捷是什麼東西，<u>你怎麼去講清楚，你所謂「敏捷」到底代表什麼。</u>

像台灣科技業最喜歡講的就是「創新」，可是問題在於公司怎麼鼓勵創新？你會發現，絕大部分老闆會整天一直講，或到處貼海報，或在公司官網上宣示「創新」是公司的價值觀之一。然後可能公司也會推不同的獎勵機制，比方說搞黑客松，鼓勵大家創建點子等等，這其實也沒什麼錯，可是其實一個組織光靠這樣，不一定有辦法把整個文化轉過來。關

鍵在於，到底你該怎麼去定義它，除了把它寫清楚之外，很重要一點就是要把 context，公司的環境塑造好。如果公司能夠打造對的環境，公司的員工行為就會得到改變，最後會達到整體的行為，或是整個公司文化的改變，所以環境（context）會改變行為（behavior），行為會改變文化（culture），所以我們會挺重視 context 的打造。

那 context 到底是什麼？有幾點可以給大家參考，比方說可能牽涉到，你到底是雇用誰、解雇誰、升了誰（hire、fire、promote），這在公司裡是大家都會很敏感的事情。

比方說如果你想打造一個準時的文化，你光每天叫他準時，大家不一定會有感覺，可是你如果要升遷一個人，前提就是他過去 1 年、2 年遲到少於 3 次，如果你把標準設在「準時」這兩個字，你就會發現大家的行為會改變，很簡單，因為我要升官；或者是我今天如果不守時的話，我就可能會被請走。所以這是一個可以考慮的維度。就是訂 KPI 了。

還有，在關鍵的會議上，你們到底談什麼事？很多人忽略了它的重要性。很多 CEO 說創新很重要，結果每次在重要會議上，比如季度的檢討會或董事會，或平常管理會議裡面，從來沒講過創新，從來都只是盯說，你為什麼花這個錢、你為什麼沒辦法多賺一點，反而創新都是在比較私下的場合才講。這樣的話，大家會覺得你就只是說說。這其實也是環境的

一部分。

還有一個挺有趣的面向，就是到底我們要塑造什麼樣的英雄（hero）或典範（role model），意思就是說你平常表揚誰。如果你嘴巴說要創新，結果每次都表揚那個錢賺最多的，但錢賺最多不一定創新，很多公司錢賺最多，有可能因為他就是在核心事業、公司起家的事業，你只要不犯錯，就可以賺很多錢，甚至不犯錯絕對比創新來得重要，這樣子的話，大家會看到老闆表揚的不是創新的人，那還叫我們去創新，誰要聽你的？所以也會有這種不一致的情況。

然後就是，你到底平常去資助什麼樣的專案。如果你每一年投資 100 億，裡面有 99 億是在既有事業的擴產，而不是在創新事業上面，這個當然會讓大家覺得你其實不是真的要做創新。

剩下的就是激勵機制，就是你怎麼發獎金等等的，或是對意外事件的反應，比方說有位同事私底下得到什麼創新大獎，老闆會不會大大的表揚一番。大家會看你的反應，來判斷老闆對自己倡導的東西是不是認真的。

這些合起來，就是所謂「環境」的一些例子。其實一個 CEO 如果當真（serious），比方你現在講敏捷，你如果對敏捷當真，你會在各個地方去反映這些東西。

所以我們在幫客戶想要塑造的文化上面，我們不會跟他講說，這個文化裡面有什麼樣的成分，而是這些文化的環境，你該怎麼設計，這個東西是遠超過把文化寫個 3 頁紙、5 頁紙來得重要。這其實是一個動能，你必須把環境先打造好，接下來的 3 個事情才有辦法順利推動。

變革管理要素 2：領導者賦能

第二個，領導者賦能（leader enablement），當你今天把環境設定好之後，要給領導者本身足夠的資源或能力，這個非常重要。

你到底有沒有創造充足的理由來做變革（case for change）。這是什麼意思？像你剛才提到 2 年前就有一個 case for change，因為臨時發生疫情，48 小時之內要把平板電腦弄好，那個時候我相信你所有的一級甚至二級主管，一定已經非常清楚變革的理由。當大家都知道的時候，你會發現領導者是有動能的，他知道不改不行。但是這個概念不是一次性的，你必須持續（consistently）利用很多方式，讓這些管理層持續知道我為什麼要改變。我舉例，假設你希望把敏捷變成以後的常態，這個就叫變革，你變革不是一次性的，是永久性的，你就要持續讓大家知道我為什麼要改變。

很多組織變革管理失敗，常遇到的問題就是 case for change 不夠或太弱。

像數位轉型，比方說，你去問一個業務主管，他最大的使命是幫公司賺錢或者拉生意，可是他如果真心覺得我平常靠紙本、靠 E-mail、靠傳統的做法，生意就做得好好的，你現在一下子叫我去導入一大堆銷售管理、花俏的數位化工具，反而讓我浪費時間去填一堆表格，很累，case for change 明顯就不是很強。

所以他就一定是陽奉陰違，就是 CEO 要我變革，我表面舉雙手贊成變革，但其實他心裡並沒有信服，就是 case for change 意義不強。

變革管理要素 3：員工參與

第三個就是員工參與（people engagement）。因為你不能只有領導者一頭熱，必須要滲透到整個員工裡面，要讓員工充分參與。我們常見的做法，首先就是雙向溝通。為什麼雙向溝通那麼重要？我們看到變革管理不太成功的地方，大部分都是 CEO 花很多力氣去講，因為 CEO 都很有熱情，講很久，可是沒有花力氣去聽員工的聲音，所以雙向很重要。

當然，老闆位高權重，你直接叫一線員工在你面前說說看創新怎麼做，有什麼困難，沒人敢講嘛，也不會跟你講真話，所以雙向溝通可沒有想像那麼容易，要用一些方式，才能夠理解到底員工在想什麼。

常見的方法就是做員工問卷，我們最喜歡用的是「RWA」，R 就是 ready，大家是不是覺得組織該變了（ready for change），W 就是 willing，想變，A 就是 able，能變。換句話說，大家是不是覺得變的時間到了？大家也想變了？大家能變了？很簡單的 3 個問題，用 1 分到 5 分來測。問卷要撒給誰呢？其實全體員工都可以撒，然後你就可以做很多有趣的分析。撒的時機，我們叫把脈（pulse check），比方每兩週或一個月一次，你可以從時間趨勢去看很多不同面向，然後你會發現，比方上面的管理者覺得轉的時機到了，我也很想轉，我也能轉，但是下面員工說，時機不到吧，R（準備）低，然後 W（意願）還好，A（能力）是零分，我根本沒有能力轉。

所以你會發現，上下會有溫度差，部門之間也會有溫度差。如果你把時間拉長來看，有可能你在變革的初期，比方疫情危機的時候，R 跟 W 可能都很高，A 通常會比較低，因為大家對變革是沒有準備的；可是你現在去看，W 分數可能就下來了。像這個事情其實就是要雙向溝通，你不一定是把他拉到你的房間，跟他坐下來，然後質問他說，告訴我你在想什麼？也有可能利用問卷的方式來了解員工，這個東西其實挺重要的。

關於員工參與，我們先不要講能力，因為能力是可以建立的，其實最難的是意願，不管哪個組織、什麼行業都一樣，就是組織裡面通常會有「20‧70‧10 法則」，就是有 2 成的員工真心覺得該改，而且是願意改的；有 1

成是那種永遠的反對黨，他不一定會跟老闆講，但是他私底下會到處散播說這個東西一定會失敗，上個老闆要改，改半天改不了，你也不可能改成功；70% 就是一般人，相對沒有主見，看大家怎麼樣就跟著怎麼樣。

你今天在做員工參與的思考時，很重要一點就是抓那 20%。這 20% 還不好抓，比方說你有新員工，他轉的意願可能相對強，可是他對公司的影響力不是很大。比方說有一些從國外回來的新同仁，說別人家早就已經數位化了，我們 TFT 怎麼還在做這個事情等等；這時既有員工會覺得說，你剛來又不懂我們，還講國外怎麼樣，我們 TFT 就跟人家不一樣。他對同仁影響力不是很大。所以你不能找太新的；可是你如果找老員工，他們通常就想，我們過去這樣幹就好好的，他不一定想改。所以你怎麼挑出對公司已經有一定的熟悉度，有一定影響力，但是又想變革的那 20%，這是變革的重點。

如果能夠把幾個成功案例──1 次不夠，你可能要幾次成功案例──你就會發現，慢慢就會有雪球效應出來，就是 70% 的人會慢慢的被說服，原來這樣改是對的、是有效果的，到後來才有辦法固化在你想要的 desired culture 上面。

以文化驅動變革管理

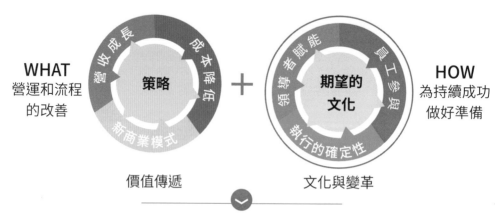

WHAT
營運和流程
的改善

HOW
為持續成功
做好準備

價值傳遞　　　　　　　文化與變革

持續的成果

領導者賦能

提供領導者必要的能
力和工具，協助其將
改變固化於組織文化

Ⓐ 改變的理由
・闡明變革的 why、what、how
・領導者的訊息和方法要一致，進行逐層溝通

Ⓑ 明確的目標
・清晰、一致的管理指標
・領導者承諾目標並定期追踪

Ⓒ 強化領導者的能力
・培訓領導者支持並實踐文化和變革目標
・將轉型需求納入領導力發展實務

Ⓓ 對齊激勵措施
・了解對領導者最重要的事，以影響行為和轉
　型目標
・設計並落實詳細的轉型激勵計劃

員工參與

提供員工支持、激勵制度與能力培訓

Ⓐ 變革負載 (load) 管理
- 評估變革對個人和團隊的影響
- 設計特定的干預措施,以確保變革持續

Ⓑ 雙向溝通
- 設計清楚的雙向溝通策略,以吸引利害關係人參與、徵求意見並買單
- 把脈(如 RWA 調查)以了解員工情緒並識別變革推動者和抵制者

Ⓒ 識別和留任關鍵人才
- 領導團隊找出攸關轉型的專家和高績效者
- 設計留任措施,以保留關鍵人才

Ⓓ 激勵策略
- 找出利害關係人 / 抵制者的關注點
- 設計短中長期措施,以激勵員工

Ⓔ 識別並縮小技能差距
- 找出需要的新技能
- 設計並提供培訓,使員工能勝任工作

執行的確定性

確保變革發生及
發揮影響力

期望的
文化

領導者賦能

員工參與

執行的確定性

Ⓐ 正確的轉型團隊
- 設置轉型管理辦公室（TMO），任命 CTO，並定義角色和責任
- 定義轉型團隊組織，分配工作流程負責人和倡議者

Ⓑ 財務的紀律
- 任命財務角色並承擔責任
- 對影響計算和驗證方法進行調整
- 建立損益表對帳

Ⓒ 完整的報告
- 建立中央控制中心，即時高效的追踪
- 專用和集中的工具，以實現報告
- 為 TMO 訂定報告和會議時程

Ⓓ 強化治理和實踐
- 定義轉型治理、報告和問題解決方法

Ⓔ 嚴格的階段管控
- 實施階段性管控，包括嚴格的測試過程，並提供培訓
- 審查和優先考慮現有專案組合

Ⓕ 聚焦於變革倡議和里程碑
- 將文化和變革的里程碑，納入倡議地圖和計畫中

變革管理要素 4：執行的確定性

🔵 最後一個要素，可能對大組織特別有用，就是「執行的確定性」（executional certainty），什麼意思呢？做大規模變革管理的時候，其實最難的就是要變的東西很多，所以通常要有很強的專案管理能力，有些叫專案管理辦公室（PMO, project manager office），基本上就是把你同時推的比方15個變革，用進度表、紅綠燈來看這15個是不是照著進度在走，亮黃燈或紅燈的時候，公司裡面就有一個機制去跨部門解決問題。

前面講的 4 個要素：期待的文化、領導者賦能、員工參與，還有執行的確定性，就是我們在幫企業推變革管理時，常用的切入面向。

🔵 我剛剛腦中已經浮現出非常多的畫面。其中有幾個關鍵字特別浮現出來，包含領導賦能裡面，不要只是 CEO 到處貼海報，到處慷慨激昂的演講，而是要賦能我們的夥伴，可以有一個變革的理由。

剛剛 JT 說的一切我都非常認同，唯一有一個字我可能自己不會用，是「安逸」。我覺得在 NGO 或許有個好處，在我們的調查裡面也看出，Teach For All 好像是跟全球的 BCG 有開發一個敏捷相關的量表，我們定期會做把脈。這裡面發現，我們其實在變革管理上特別強的就是變革的理由，因為即便沒有疫情，其實我們的願景是非常一致的，我們是一個高度價

值驅動、目標驅動的組織，所以其實任何 TFT 敏捷的成功作為，反倒都不是我去倡議的。

TFT 在這個調查之後成立了一個敏捷小組，但我不是直接在裡面的，有時候我會被邀請進去，可以有一些討論或貢獻。它是由我們負責調查的夥伴，我們的營運總監，他開放任何一個夥伴都可以加入，報名還算滿踴躍的。然後在我們每個月的全員會議上，會針對這次調查的結果來看，哪些部分我們表現非常棒，哪些部分亮了點紅燈，例如決策的速度或溝通的品質。我們非常開放的讓大家討論，不會擔心 CEO 玻璃心，就像你說的雙向溝通。

驅動變革的理由，我們叫做 urgent patience（緊急的耐心），因為我們的改變是緊急的，只是有些改變不是一蹴可幾，但透過改變，是有可能解決的。所以透過敏捷小組的調查，很具體的去帶動雙向的溝通跟動能，所以我覺得很有趣的就是我們是用敏捷的方式來推動敏捷。比方說我們有一個新的想法，那我們實驗一個月看看吧，看這樣做法大家有沒有感，有沒有解決一些痛點，有 small win（小勝）之後，我們再擴大來辦理等等。所以用敏捷的方式來推動變革，慢慢的我發現，都是我跟大家學習，所以我覺得第一個關鍵字，是「賦能」或是「動能」、「雙向溝通」的部分，是我很有感覺的。

制度設計與價值觀保持一致性

第二個我聽到的關鍵字是「一致」（align）。我們不能夠光說敏捷很重要，可是制度面不一致。舉例來說，我們開始談敏捷之後，花最多時間做的其實是基礎工程，比方績效制度怎樣 align 我們的價值。或者是，以前我們有 3 個部門 11 個組，升遷是很線性的垂直升遷；可是如果我們現在想獎勵橫向發展的夥伴，那我們的組織架構跟發展路徑都需要去改變，否則反而會懲罰到很敏捷的夥伴。

還可能小至我們辦公室的設計，像我們搬新的辦公室時，我們自我挑戰說，有沒有可能我們不用部門來劃分我們的座位？所以我們甚至有一個區就叫敏捷區，這個敏捷區顧名思義，所有家具都是可以依照那個時候的目的做改變的。敏捷從每一天的體感來做，所以現在大家還滿喜歡這個敏捷區的，有時候擺的像咖啡廳一樣，有時候家具都推開，當瑜伽教室或看電影也都可以。

所以其實敏捷要從日常的小細節開始，到大的制度，怎麼樣去呈現一致的價值，我覺得確實是我學到的一個課題，不是喊了口號之後，就會自然發生的事情。

🔵 這個非常好。你剛才提到你們有一個敏捷小組，定期開會，但是你不一

定要參加。我覺得這個就代表變革或者敏捷這個事情，其實在你們組織裡面已經開始內化了，而且是有一點自下而上，大家會主動想參與的。你剛才也提到辦公室的設計，這確實就是一個很重要的環境，是我們在考慮文化改變的時候，非常重要的地方。

當然，敏捷本來就不是哪一天你會做得完的事情，總不斷有精進的空間。比方說職涯這個事情怎麼樣才會更順，怎麼樣更公平。畢竟進到你們基金會的都是挺優秀的年輕人，你的評價或升遷制度，如果因為制度變得很「敏捷」，意思是可能今年長這樣、明年長那樣，到後來大家會不服的。所以你一定要調到一個適合 TFT 的型態，對吧。

今天談到變革管理，我今天也學習不少，原來非營利組織也會遇到不確定，也必須快速適應，在這個過程裡面，你做了大量變革管理，遇到很多人的問題、部門的問題等等，其實都跟營利組織有很多類似的地方。營利組織慢慢的跟你們學習，把社會貢獻放進來，你們也開始更加敏捷，我覺得很有意思。

✤ 其實彼得‧杜拉克好幾十年前寫《使命與領導》[5] 的時候，就已經預測說，未來的企業可能要向非營利組織學管理。我覺得他是很有遠見的，倒不

是說非營利組織有多了不起，而是說<u>非營利組織就是因為沒有以金錢做</u><u>為唯一衡量成功的指標，所以它必須要回答更困難，更核心的「why」的</u><u>問題。</u>反之像 TFT 並沒有辦法用金錢去吸引人才，那我們要如何管理跟支持人才呢？其實我覺得面對的問題是類似的，彼此相互學習，是我很期待可以發生的。

5 原書名《Managing Nonprofit Organization》，遠流 2004 年出版。

破關 Tips

- 公司經營得好好的,如果都不變革,大家很高興沒錯,可是對組織未來是有危險的。

- CEO 要換位思考,是特別需要刻意練習的事,要不斷去學習雙向真誠的對話,找到大家共同的語言。

- 敏捷是「穩定」加「速度」,不是只追求速度。

- 塑造變革的文化才能驅動變革管理,重點在塑造環境。環境改變行為,行為會改變文化。

- 要素 1. 塑造文化:老闆是否「言行一致」是關鍵

    a. 你們雇用誰、解雇誰、升了誰?
    b. 在關鍵會議上,你們談什麼事?
    c. 你們塑造什麼樣的英雄或典範,公司平常表揚誰?
    d. 你們都把錢投到什麼樣的專案?
    e. 激勵機制以及對意外事件的反應為何?

- 要素 2. 領導者賦能:給領導幹部足夠的資源或能力,包括創造充足的變革理由(case for change),並且持續讓大家知道為什麼要改變。

- 要素 3. 員工參與:須雙向溝通,可設計 RWA 問卷,了解組織上下對該變 ready、想變 willing,能變 able 的認知。

- 要素 4. 執行的確定性:以專案管理方法管理變革進度、排除問題障礙。

- 20•70•10 法則:選出對公司有一定熟悉度和影響力的 20% 員工,做為變革起點,慢慢滾出雪球效應。

- 從日常細節到大的制度,應呈現一致的價值觀。

- 用敏捷的方式來推動敏捷,累積小勝之後再擴大辦理。

BCG 破解轉型的兩難

作　者	徐瑞廷・商業周刊
圖表提供	波士頓顧問公司（BCG）
攝　影	商業周刊攝影組
商周集團執行長	郭奕伶

商業周刊出版部

總　監	林雲
責任編輯	羅惠萍・盧珮如
封面設計	盧美瑾
內頁排版	盧美瑾
出版發行	城邦文化事業股份有限公司 商業周刊
地　址	104 台北市中山區民生東路二段 141 號 4 樓
電　話	(02)2505-6789
傳　真	(02)2503-6399
讀者服務專線	(02)2510-8888
商周集團網站服務信箱	mailbox@bwnet.com.tw
劃撥帳號	50003033
戶　名	英屬蓋曼群島商家庭傳媒股份有限公司城邦分公司
網　站	www.businessweekly.com.tw

香港發行所	城邦（香港）出版集團有限公司
	香港灣仔駱克道 193 號東超商業中心 1 樓
	電　話：(852)2508-6231
	傳　真：(852)2578-9337
	E-mail：hkcite@biznetvigator.com

製版印刷	中原造像股份有限公司
總經銷	聯合發行股份有限公司 電話：(02)2917-8022
初版 1 刷	2023 年 8 月
定　價	450 元

ISBN	978-626-7366-09-7(平裝)
EISBN	978-626-7366-10-3(PDF) ／ 978-626-7366-11-0 (EPUB)

國家圖書館出版品預行編目 (CIP) 資料

BCG 破解轉型的兩難 / 徐瑞廷 , 商業周刊著 . -- 初版 . -- 臺北市 :
城邦文化事業股份有限公司商業周刊 , 2023.08
面;　公分
ISBN 978-626-7366-09-7(平裝)
1.CST: 企業管理 2.CST: 組織管理 3.CST: 策略管理
494.2　　　　　　　　　　　　　　　　　112012582

金商道

*The positive thinker sees the invisible, feels the intangible,
and achieves the impossible.*

惟正向思考者，能察於未見，感於無形，達於人所不能。 —— 佚名